听专家田间讲课

CAITUBAN
MALINGSHU
ZAIPEI JI
BINGCHONGHAI
LÜSE FANGKONG

彩图版马铃薯栽培及病虫害绿色防控

张　斌　主编

中国农业出版社

编著人员

主　编： 张　斌

副主编： 谈孝凤　耿　坤　余杰颖

编　者（按姓氏笔画排序）：

王姝玮　江兆春　杨光灿　吴　琼

余杰颖　张　斌　陆金鹏　陈卫宇

胡秋舲　贺海雄　袁　烨　耿　坤

郭国雄　唐建锋　谈孝凤　焦明姚

出版说明

保障国家粮食安全和实现农业现代化，最终还是要靠农民掌握科学技术的能力和水平。为了提高我国农民的科技水平和生产技能，向农民讲解最基本、最实用、最可操作、最适合农民文化程度、最易于农民掌握的种植业科学知识和技术方法，解决农民在生产中遇到的技术难题，中国农业出版社编辑出版了这套“听专家田间讲课”丛书。

把课堂从教室搬到田间，不是我们的最终目的，我们只是想架起专家与农民之间知识和技术传播的桥梁；也许明天会有越来越多的我们的读者走进校园，在教室里聆听教授讲课，接受更系统、更专业的农业生产知识与技术，但是“田间课堂”所讲授的内容，可能会给读者留下些许有用的启示。因为，她更像是一张张贴在村口和地头的明白纸，让你一看就懂，一学就会。

本套丛书选取粮食作物、经济作物、蔬菜和果树等作物种类，一本书讲解一种作物或一种技能。作者站在生产者的角度，结合自己教学、培训和技术推广的实践经验，一方面针对农业生产的现实意义介绍高产栽培方法和标准化生产技术，另一方面考虑到农民种田收入不高的实际问题，提出提高生产效益的有效方法。同时，为了便于读者阅读和掌握书中讲解的内容，我们采取了两种出版形式，一种是图文对照的彩图版图书，另一种是以文字为主、插图为辅的袖珍版口袋书，力求满足从事农业生产和一线技术推广的广大从业者多方面的需求。

期待更多的农民朋友走进我们的田间课堂。

2016年6月

序

很高兴能够先于读者见到此书。马铃薯是我国第四大主粮，其战略地位和重要性不言而喻。随着人民生活不断改善、农产品质量安全要求的不断提高，在马铃薯生产过程中，科学的栽培技术和病虫害绿色防控技术是必不可少的种植措施。如何让农民快速掌握科学的栽培技术和病虫害绿色防控技术，是一个迫切需要解决的问题。为此，《彩图版马铃薯栽培及病虫害绿色防控》便应运而生了。

本书以通俗易懂的语言、丰富多彩的图片，从马铃薯主要生产环节、关键性技术等方面全面阐述了科学栽培技术和病虫害绿色防控技术，内容丰富，实用性强，是作者团队多年实践经验和研究结果的体现。

书中马铃薯晚疫病监测预警技术部分，是在作者团队开展了大量研究工作的基础上，呈现给读者的重要内容之一。该部分内容从生产应用角度阐述了CARAH预警模型的优缺点以及在我国马铃薯主产区应用时需要进行的工作和注意事项，并提出了手机预警短信发布方式，使得马铃薯晚疫病预警信息能够在最短的时间内送到基层技术人员和种植户手中，对于及时指导防治工作开展、引领此项技术的推广应用具有很好的示范作用，难能可贵。

能把知识和技术送给广大农民，直接应用于生产而创造良好的实际价值，是我们农业工作者的共同心愿，希望并相信这本书能在马铃薯生产上发挥其应有的作用。

全国农业技术推广服务中心

2016年12月

前言

马铃薯是我国主要粮食作物之一。随着农业产业结构的调整，马铃薯种植面积不断扩大，截至2014年，达8 359.89万亩*，成为我国第四大主粮。为了满足新形势下农民对科学、技术的迫切需要，应中国农业出版社之邀，我们编写了《彩图版马铃薯栽培及病虫害绿色防控》一书。

本书主要包括马铃薯栽培和病虫害绿色防控两方面内容。在马铃薯栽培中，根据我国不同的种植区域特点着重介绍如何解决马铃薯病毒性退化、高产栽培技术、当前主推优良品种、贮藏技术等内容；在马铃薯病虫害绿色防控中，介绍了40余种常见病虫害的识别、发生规律与绿色防控措施。

值得一提的是该书中编入了马铃薯晚疫病监测预警技术。比利时埃诺省农业和农业工程中心（CARAH）研制的“马铃薯晚疫病数字化预测模型”，能够较为准确地预测晚疫病发生趋势，指导防控策略的制定。2010年

* 亩为非法定计量单位，15亩＝1公顷。——编者注

贵阳市植保植检站开始从事这项技术的引进和应用工作，2010—2012年在适用性应用中，发现该模型具有较好的实际应用价值，但也存在因品种不同、地域差异等因素引起的误差，2013—2015年根据贵州马铃薯种植区域的实际情况对该项技术进行主栽品种、防控指导等多方面的参数矫正研究，取得了显著成效，也积累了大量经验。在本书中，我们对该项技术的原理、应用操作及注意事项等内容进行了详细的描述。

全书内容全面系统、语言通俗易懂、图片清晰丰富、主要生产环节和关键性技术切合实际、实用性强，可供马铃薯科研、生产人员参考，也是广大农民朋友进行马铃薯生产的好参谋，希望该书的出版，能够为我国马铃薯生产技术的进步贡献一份力量。

本书借鉴了前人的研究成果，引用了有关文献资料。全国农业技术推广服务中心、贵州省植保植检站、毕节市植保植检站、克山县植保植检站、修文县植保植检站、荔波县植保植检站等单位提供了部分图片，在本书的编撰过程中，得到了全国农业技术推广服务中心赵中华研究员、黄冲博士、重庆市植保植检站车兴壁老师的悉心指导，在马铃薯病虫害调查过程中毕节市植保植检站、六盘水市植保植检站、黔南州植保植检站、修文县植保植检站、荔波县植保植检站等单位给予了大力配合，同时也得到了中国农业出版社郭晨茜老师的帮助，在此一并致谢。

此外，本书在完成过程中得到了贵州省科技厅贵州省科技成果重点推广计划项目——“贵阳市马铃薯晚疫病数字化预警监测系统推广”［黔科合成字（2013）50］、贵州省农业委员会马铃薯产业发展项目——“马铃薯晚疫病监测预警系统建设与综合防控技术示范推广项目”［黔农财（2014）110号、黔农财（2015）125号］、贵阳市农业委员会“农业植物有害生物防控体系建设项目”［筑财农（2015）34号］、贵阳市人才创新创业项目——“马铃薯晚疫病预警与信息发布系统推广应用”［筑人才办合同字（2015）第32号］资助，在此特别致谢。

本书的撰写虽然经过反复推敲，但由于我们知识水平有限，书中难免存在诸多不足之处，恳请专家、同行及广大读者批评指正，以便进一步修订完善。

贵阳市植保植检站　张　斌

2017年1月于贵阳

目录

第一章 马铃薯概述

马铃薯原产于南美洲安第斯山脉海拔3 800米之上的秘鲁，距今已有7 000多年的栽培历史。大约在1570年被西班牙人带回本国，而后传遍欧洲。大约在明朝末年（有记载为万历年间），外国传教士把马铃薯带入我国，距今已有400多年历史，所以马铃薯在我国有些地方也称为洋芋、荷兰薯等。

马铃薯对我国经济和社会发展的影响是巨大的，主要体现在3个方面：救灾济荒、提高土地利用率、改变农作物种植结构。至20世纪80年代，在我国基本形成了四大生产区域，即北方一季作区、中原二季作区、南方三季作区、西南一二季混作区，全国推广的马铃薯种植品种近50多个。其中北方一季作区和西南一二季混作区的种植面积占全国种植面积的90%以上。1982年全国种植面积达3 682万亩，2000年达7 085.01万亩，2010年达7 807.65万亩，2014年为8 359.89万亩，同时马铃薯单产也在不断上升。

第一节　马铃薯植物学特性

马铃薯在植物学分类上属茄科植物，植株包括根、茎、叶、花、果实和种子（图1-1），通常用块茎繁殖，也可用种子种植。

一、根

马铃薯用块茎种植和种子种植时，根的形态不相同。

块茎繁殖时，根为须根，没有直根，当芽萌发至3～4厘米时，根从芽的基部生出，成为主要吸收根系，称为初生根，后又分枝形成多根侧根，称为匍匐根。初生根先水平生长，生长到约30厘米后垂直向下生长。大部分品种的根系分布在土壤表层下30～40厘米处，一般不超过70厘米，晚熟品种根系比早熟品种发达，且分布较深。要根据不同品种的熟性和根系的分布情况来确定种植密度，才能获得高产。

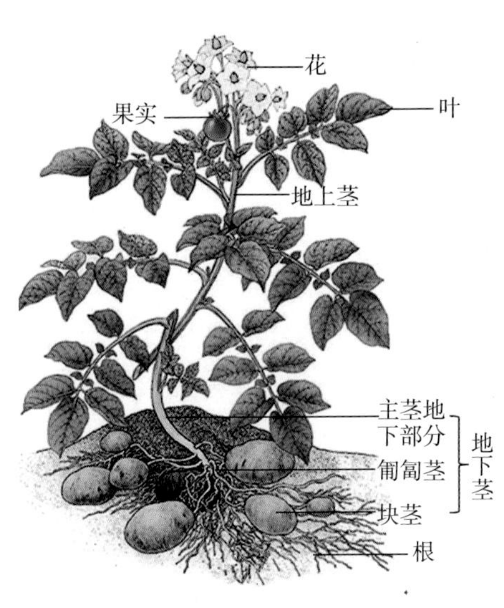

图1-1　植　株

用种子种植时，植株的根分为主根和侧根，根的分枝随植株的生长而增多，主根为圆锥形伸入土中，若生长条件良好，实生苗的根系也发达。

二、茎

马铃薯的茎分为地上茎、地下茎。马铃薯块茎发芽生长后，在地面上着生枝叶的茎为地上茎。块茎发芽后埋在土壤中的茎为地下茎，包括主茎的地下部分、匍匐茎和块茎（图1-2）。

1. 地上茎　附有绿色或紫色素，因品种而异。主茎以花芽封顶而结束，代之而起的为花下2个侧枝，形成双叉式分枝。茎上有棱3～4条，棱角突出呈翼状。茎上节部膨大，节间分明。节处着生复叶，复叶基部有小型托叶。多数品种节处坚实，节间中空。地上茎有直立、半直立和匍匐型3种，大多为直立或半直立，茎长在40～100厘米，少数晚熟品种在100厘米以上。每个叶腋都能发生侧芽，形成枝条。早熟品种分枝力弱，一般从主茎中部发生，中晚熟品种分枝多而长，大都在下部或靠近茎的基部发出。

图1-2 块 茎

2. 地下茎 节间较短，部分可明显见到8个节，少数具6个节，在节的部位生出匍匐茎，匍匐茎顶端膨大形成块茎。

匍匐茎又称匍匐枝，是茎在土壤中的分枝，由地下茎节上的腋芽发育而成，一般为白色，也有紫红色的，因品种而异。匍匐茎顶端呈钥匙形弯曲状，茎尖在内侧，起保护作用。大多数情况下，匍匐茎多，形成的块茎也相应多，但不是每个匍匐茎都能形成块茎。早熟品种在幼苗出土后7～10天即开始生出块茎，与匍匐茎相连的一端叫薯尾或脐部，另一端叫薯顶，薯顶端芽眼多而密，发芽势强，为典型的顶端优势。匍匐茎的节上有时也长出分枝，不过尖端结的块茎不如原匍匐茎结的块茎大，在生长过程中，遇到特殊情况，匍匐茎的分枝就形成了畸形的块茎。

块茎是变态的茎，其作用是贮存养分、繁殖后代，既是经济产品器官，又是繁殖器官。当匍匐茎顶端停止极性生长后，皮层、髓部及韧皮部的薄壁细胞的分生和扩大，积累大量的淀粉，从而形成块茎。块茎表面分布很多芽眼，呈螺旋状排列，顶部密，基部稀，每个芽眼有1个主芽和2个副芽，块茎经过休眠期后，顶芽先生长，副芽一般处于休眠状态，只有在主芽受伤害后副芽才萌发。

三、叶

马铃薯幼苗期的叶基本上是单叶，呈心脏形或倒心脏形，后期均为奇数羽状复叶。复叶的顶部小叶一般较侧小叶稍大，形状也略有差异。绝大多数品种的主茎由16个复叶组成，和顶部2个侧枝的复叶构成马铃薯的同化系统。复叶大小、侧小叶的形状、毛茸多少、小叶排列的密度以及二次小叶的多少因品种而异。复叶的叶柄很发达，叶柄基部有1对托叶。

四、花

马铃薯的花由5瓣连接，形成轮状花冠（图1-3）。花内有5枚雄蕊、1枚雌蕊，子房上位，由2个连生心皮构成，中轴胎座，胚珠多枚。每个小花有花柄着生在花序上，花柄上有1个节，花序着生于枝顶，呈伞形，颜色有白、粉红、紫等多种，色彩鲜艳，部分品种具有清香气味。早熟品种第1花序开放时间，与地下块茎开始膨大的时间相吻合，是结薯期的重要形态指标。

图1-3　花

五、果实与种子

马铃薯果实为浆果，呈球形，大小不一，颜色多为绿色（图1-4），部分也呈褐色或紫绿色。受受精情况影响，种子数量不等，一般为100～250粒，有的浆果没有种子，为伪浆果。

果实里的种子称为实生种子，是马铃薯进行有性繁殖的唯一器官。由实生种子培育出来的苗称为实生苗，结的块茎称为实生薯。实生种子小，呈肾形或卵圆形，千粒重为0.4～0.6克。马铃薯属自花授粉作物，在没有昆虫传粉的情况下，自然杂交率低于5%。刚收获的种子有较长的休眠期，一般在6个月左右。

图1-4　果　实

第二节　马铃薯生育期

马铃薯全生育期包括发芽期、幼苗期、块茎形成期、块茎膨大期、成熟期5个阶段。

一、发芽期

发芽期是指种薯播种后，从萌发开始，经历芽条生长、根系形成，直至幼苗出土。该生长期是以根系和芽生长为中心，因品种特性、种薯生理年龄、贮藏条件、催芽处理、栽培季节以及种植水平等因素的不同而持续时间差异大，一般情况下20～30天，有的也可达数月。这时期生长的中心是发根、芽的伸长和匍匐茎的分化，同时伴随着叶、侧枝和花原基等器官的分化。发芽期是马铃薯建立根系、植株建成和结薯的准备阶段，因此，该时期田间管理要为种薯的发芽创造最佳的条件，充分发挥薯内的养分、水分以及内源激素等因子的作用，促进早发芽、多发根、快出苗、出壮苗。

二、幼苗期

幼苗期是指幼苗出土，经历根系发育、主茎孕苗。在生产上直观判断为从出苗至第6～8片叶展平，该阶段15～20天。幼苗期以根系、茎叶生长为中心，根系继续扩展，茎叶继续分化，多数品种在出苗后7～10天匍匐茎伸长，5～10天顶端开始膨大。该时期田间管理的重点是：及早中耕浅培土，中晚熟品种追肥，促进根系发育，培育壮苗，为高产建立良好的物质基础。

三、块茎形成期

块茎形成期是指从幼苗期开始至主茎的茎叶全部建成，即主茎封顶叶展平，早熟品种第1花序开花并发生第1对顶生侧枝，晚熟品种第2花序开花并从花序下发生第2对侧枝，以及主茎上也发生部分侧枝，分枝叶也相继扩展，此时地下块茎已具雏形。该期间主茎节间急剧伸长，根系继续扩大，为进入块茎膨大期作准备，生长情况直接决定单株结薯多少。此时期田间管理的重点是：前期采取以肥水促茎叶生长，后期中耕、深培土，使植株的生长中心由茎叶生长为主转向以地下块茎膨大为主。如调控不好，会造成茎叶徒长，影响结薯。

四、块茎膨大期

从地上部与地下部干物质量达到平衡开始，便进入块茎膨大期，此时主茎生长完成，开始侧生茎叶生长，叶面积逐渐达到最大值，茎叶生长缓慢直至停止，地上部制造的养分不断向块茎输送，块茎的体积不断膨大，重量不断增加，直至收获。植株叶片开始从基部向上逐渐枯黄并开始脱落。一般持续时间为30～50天，80%的产量均在此期间形成。该时期田间管理的重点是：加强病虫害管理，防止茎叶早衰，尽量延长茎叶的功能期，增加光合作用的时间和强度，使地下块茎能够积累更多的光合产物。

五、成熟期

当植株茎叶开始衰老变黄时，即进入成熟期。该时期的特点是地上部向块茎中转运碳水化合物、蛋白质等，块茎日增重达最大值。淀粉的积累一直延续到茎叶全部枯死之前。此时期田间管理的重点是：以减缓根、茎、叶衰老为目的。收获应根据生产目的和轮作要求适时进行。

第三节　马铃薯生长与环境的关系

一、温度

马铃薯是喜冷凉耐寒作物，马铃薯经过多年人工选择，有早、中、晚熟期不同品种，可以在不同的温度条件下种植。

1. 播种至幼苗期　块茎播种后，播种土壤地下10厘米土层温度达7～8℃，幼芽即可缓慢萌发和伸长；10～12℃时幼芽即可茁壮生长，很快出土；13～18℃是幼苗生长最理想的温度，当温度超过36℃则不发芽，种薯开始腐烂。幼苗不耐低温，当播种时间提早的马铃薯出苗后遇晚霜低温，气温降至–0.8℃时，幼苗即受冷害，气温降至–2℃，幼苗即受冻害，上部茎叶变黑枯死，但在气温回升后还能从节部发出新的茎叶，继续生长。

2. 块茎形成期　此时期是茎叶生长和光合作用制造营养的关键时期，适宜植株茎叶生长的温度为16～21℃，生长最适温度为18℃，温度超过25℃生长缓慢，温度超过29℃或低于7℃停止生长。

3. 块茎膨大期至成熟期　此阶段温度对块茎干物质积累影响很大，16～18℃的地温、18～21℃的气温对块茎干物质积累最为有利，气温超过21℃时，生长就会受抑制，生长速度明显下降，气温达到29℃，地温25℃，块茎便停止生长。

昼夜温差大对块茎干物质积累有利，在夜间温度低的情况下，最适温度为10～12℃，叶片制造的有机物才能通过输导组织运送到块茎，如果夜间温度与白天的温度相差不大，植株就会缓慢或停止有机物输送，块茎体积增长和干物质积累缓慢，甚至停止。

二、水分

马铃薯生长过程中必须有足够的水分才能获得高产。水是马铃薯进行光合作用、吸收土壤养分、制造有机营养的主要载体，并且制造的有机物也必须以水作载体才能输送到块茎中贮存。

马铃薯不同生长时期对水分要求不同。在芽条生长期，依靠块茎贮存的水分便能正常萌发。芽萌发后，根系须从土壤中吸收水分才能正常出苗，如果此时土壤中不含易于被根系吸收的水分，则根不能伸长，芽短缩且不能出土，此时期土壤相对含水量50%～60%为宜。幼苗期根系弱，吸水力不强，因此，土壤中须保持一定的含水量，60%～70%为宜，低于40%茎、叶生长不良。发棵期地下块茎开始形成，地上部茎、叶逐渐进入旺盛生长，根系伸长，蒸腾量大，植株需要充足的水分和养分，此时土壤相对含水量在70%～80%为宜。块茎膨大期以地下块茎生长为主，是需水量最多的时期，此时土壤相对含水量在80%为宜。以后逐渐降低含水量，收获时相对含水量降至50%左右，如此时土壤含水量过高，块茎皮孔张开，易导致病菌侵入，引起腐烂。

在我国马铃薯种植区（设施种植除外），绝大多数是靠雨水决定土壤墒情。因此，在种植马铃薯时，就必须了解当地常年降水量及降水季节等情况，采取有效的农艺措施调节各生育期的土壤墒情，保障马铃薯正常生长。

三、光照

马铃薯是喜光作物，不同生育期对光照要求不一。发芽期光照可抑制芽伸长，促进组织硬化和产生色素，所以该阶段要求黑暗；幼苗期长日照对茎叶生长和匍匐茎发生有利；块茎膨大期，光照宜短，有利于养分的制造和干物质积累。强光和弱光都对马铃薯生长有影响，强光下，茎秆矮壮，光合作用增加，植株和块茎干物质增加明显；弱光条件下，茎伸长迅速而细弱，植株和块茎干物质增加缓慢。所以在马铃薯生育期中，幼苗期短日照、强光，有利于促根；块茎膨大期至成熟期短日照、强光和较大的昼夜温差，有利于营养成分的制造及向块茎转运有机物，促进高产。

四、土壤

块茎是马铃薯的主要产品，它和根系、地下茎一起在土壤中生长，所以马铃薯与土壤的关系更为密切。轻质壤土和沙壤土疏松透气，营养丰富，保水、保肥性能好，有利于马铃薯根系发育和块茎膨大，最适宜马铃薯生长。此外，这两种土壤还为中耕、培土、浇水、施肥等农事操作提供了便利。这类土壤种植马铃薯一般发芽快、出苗整齐、块茎表皮光滑、薯形好、商品价值高。黏重土壤虽然保水、保肥力强，但透气性差，选择黏重土壤种植马铃薯时，最好采用高垄栽培，以便利于排水、透气。沙性土壤保水、保肥能力差，但该种土壤种植的马铃薯块茎整洁、表皮光滑、薯形正常、淀粉含量高、便于收获，种植时应采取平作培土、适当深播的栽培方式。

马铃薯喜微酸性和中性土壤，土壤pH5.0 ~ 7.5的条件下都能正常生长，pH5以下，植株叶色变淡，易早衰，pH7.8以上不适宜种植马铃薯。在马铃薯发芽期，土壤需疏松透气；在幼苗期、块茎形成期，不仅要求疏松透气，而且要求间干间湿，这样有利于根扩展和发棵，如土壤板结，会引起植株矮化、叶片卷皱等生长势减弱的现象。

第四节　马铃薯高效生产的营养与配方施肥

马铃薯属高产作物，对营养成分的要求就是对肥料的要求。马铃薯植株干物质约95%是光合作用形成的，根从土壤中吸收的无机元素只有5%左右，而这些无机元素正是蛋白质、氨基酸、叶绿素的重要组成成分。马铃薯植株需要的营养元素有20多种，主要有氮、磷、钾、硼、钙、镁、锌、硫、铜、铁、锰等，以氮、磷、钾为最主要的营养元素。

在马铃薯种植过程中，乱施肥现象普遍存在，主要表现为：一是施肥过量，增加了投入、破坏了生态环境，同时也会对农作物造成危害；二是施肥不足，作物达不到应有的产量。而马铃薯配方施肥是解决该问题的有效措施。

一、营养元素

1. 氮　氮对马铃薯植株茎秆伸长和叶面积增大有重要的作用。适当施用氮肥，可使茎秆伸长、叶色浓绿而生长茂密、增加叶面积和提高光合效率，从而加速有机物质积累，提高块茎干物质质量。

但要注意不可施用过量，氮肥过量后马铃薯植株徒长，茎叶相互遮蔽，降低光合效率，底部叶片不见光而变黄脱落，延迟结薯，影响产量，同时湿度大时，田间郁闭，通风透气性差，有利于马铃薯晚疫病的发生，会造成更大的损失。

如氮肥不足，则马铃薯植株矮小，叶片小而薄，叶色淡绿或变成黄绿、灰绿，分枝少，开花早，花量少，植株生长后期基部老叶全部呈黄色或黄白色，植株长势弱，不仅产量减少，块茎品质也下降（图1-5）。早期发现植株缺氮，可以通过追肥来解决。追肥应在出齐苗后进行，追施过晚，易引起茎叶徒长，影响结薯。

注意根据土壤类型，合理施用氮肥。

图1-5 缺 氮

2. 磷 磷是植物体内多种重要化合物如核酸、核甘酸、磷脂等的组成成分，同时参与植物体内碳水化合物的合成、分解，提供植物生长所需的能量等。在马铃薯生长过程中，虽然用量较少，但却是必不可少的重要肥料，磷促进根系发育，增强植株的抗旱、抗寒能力。

磷肥不足时（图1-6），马铃薯植株生长发育缓慢，根系数量减少，长度也变短，茎秆矮小，分枝减少，叶柄上竖，叶面积小，叶向上卷曲，光合作用差，生长势弱，严重时植株基部叶片叶尖褪绿变褐，逐渐向全叶扩展，后变黄化枯萎，最后脱落，并从下扩展到植株顶部。而块茎表皮没有特殊症状，切开后，薯肉常呈褐色锈斑，蒸煮后，锈斑处薯肉变硬，降低食用价值。

图1-6 缺 磷

3. 钾 在马铃薯生长过程中，钾主要影响植株茎秆和块茎的生长发育。钾在马铃薯植株体中不形成稳定的化合物，而是以离子状态存在。钾主要起调节生理功能的作用，促进光合作用和提高CO_2的同化率，促进光合产物的运输和促进体内蛋白质、淀粉、纤维素的合成与积累。充足的钾肥可以使马铃薯植株生长健壮，茎秆粗壮坚韧，抗逆性增强，并使得薯块变大，蛋白质、淀粉、粗纤维含量增加，减少空心，还有延缓叶片衰老、增加光合作用时间和有机物制造等作用。

马铃薯生长过程中缺钾（图1-7），早期叶色不正常，叶片暗绿色或蓝绿色、片小、卷曲，较老的叶片先变成青铜色，后从边缘开始坏死，节间变短，植株矮小，主茎细弱弯曲，生长点受影响，有时会引发顶枯，根系发育不良，吸收能力弱，匍匐茎缩短，块茎变小，产量低、品质差，有的品种蒸煮后薯肉呈灰黑色。

图1-7　缺　钾

4. 其他元素　除氮、磷、钾外，在马铃薯生长期间还需中量元素钙、镁、硫，及微量元素铁、锰、锌、铜、硼等。缺钙时，幼叶色淡，叶缘卷起，逐渐枯死；块茎短缩、畸形，块茎内呈现褐色分散斑点，失去经济价值。缺镁时，基部老叶的叶尖及叶缘失绿，并逐渐沿叶脉扩展，最后叶脉间组织褐色坏死，叶片向上卷起，病叶最后死亡、脱落。虽然马铃薯植株需要的微量元素量很少，但在其生长过程中，都是必不可少的，也不能相互替代。如在马铃薯块茎形成期至膨大期交替时，铜有利于提高净光合生产率，可增强呼吸作用，提高蛋白质含量，增加叶绿素含量，延缓叶片衰老，增强抗逆性。缺硼时，生长点或顶芽枯死，侧芽迅速生长，节间缩短，从而使植株呈矮丛状，叶片增厚，叶缘上卷，叶片中积累大量的淀粉，如果长期缺硼，则根部短粗且呈褐色，根尖死亡，块茎变小，表皮有裂痕。

因绝大部分土壤中不缺乏这些微量元素，所以一般不需施用，如发现有缺素症状，一般以叶片喷洒微量元素肥料给予补充。微量元素肥料有无机态和螯合态两种，无机态微量元素施用后常被吸附于叶片表面，渗入叶片内的量少，螯合态易渗入叶片，且持续时间长，效果好。

二、配方施肥

配方施肥又称产前定肥，是指综合运用现代科学技术成果，根据作物需肥规律、土壤供肥性能与肥料含量高低，在施用有机肥的基础上，于产前提出氮、磷、钾的适宜用量和比例及相应的施肥技术。该技术的特点：一是可以有效提高化肥利用率，二是可以降低农业生产成本，三是能够实现调肥增产、减肥增产，四是能控制营养、防治病害，五是能提高产品质量、保护环境。该技术依据土壤的特点和作物需肥规律进行，是提高马铃薯品质、避免土壤板结、实现农业可持续发展的关键。

1. 配方施肥步骤

第一步：采集土样。在秋收后进行土样采集，取样选择东、西、南、北、中5个点，取样深度为20厘米，将采集到的各点土样混匀，取1千克土样进行土壤检测。

第二步：土壤检测。主要检测5项指标：碱解氮、速效磷、速效钾、有机质和pH。

第三步：确定配方，加工配方肥。

第四步：按方购肥，科学用肥。配方肥料多作为底肥一次性施用，施肥深度15～20厘米，与马铃薯块茎保持一定距离，并根据马铃薯长势进行追肥。

第五步：田间监测，修订配方。

2. 适宜用量计算方法

（1）土壤养分平衡方法。根据作物目标产量需肥量与土壤供肥量之差估算目标产量的施肥量，通过施肥补足土壤供应不足的那部分养分。计算公式为：

施肥量（千克/亩）=（目标产量所需养分总量－土壤供肥量）/（肥料中养分含量×肥料当季利用率）

式中：氮素肥料的利用率为20%～40%，磷素肥料利用率为10%～25%，钾素肥料的利用率为30%～50%。

此方法在概念上极为明确，易于掌握计算，推广较为容易，但需要土壤养分实测值，需花费一定的技术工作力量进行土壤测定，再制定配方，最后由化肥企业按配方进行生产并供给种植户，在农业技术人员指导下进行科学施肥。

（2）地力分级配方法。根据土壤肥力高低，分成上、中、下3个等级，综合分析先前肥料田间试验结果或当地施肥经验，估算评定在不同地力等级下，适宜施用的肥料种类与施用量。该方法是在技术力量不足、缺少科学测试手段的条件下，依靠部分土壤普查资料及群众经验而制定的，较为简单，便于推广，但该方法粗放，有待加强肥料试验及实地测试。

3. 合理配方施肥 马铃薯生长期间以氮、磷、钾三种营养元素最为重要，气候、土壤条件和生产水平不同，需求也有差异，三者之间大致需求比例接近于2∶1∶（3～4），马铃薯幼苗期以氮、钾吸收较多，磷相对少；块茎形成期至膨大期，吸收钾最多；生长后期以氮、磷较多，而钾较少。

通过配方施肥理论计算出施肥量，实际操作中，施肥量须略高于理论施肥量，因为肥料施入土壤中，不可能完全被植株吸收，有一部分会随水土流失。另农家肥种类也很多，厩肥一般含氮0.87%、磷1.14%、钾1.82%，如果每亩施1 000千克厩肥，可提供8.7千克氮、11.4千克磷、18.2千克钾，则可基本满足亩产2 000千克马铃薯的需求量。

在施肥操作中，化肥可与有机肥混施，最好作为基肥在播种前整地时耕翻入土。沙性土壤肥料易流失，最好在开沟条施后播种，既可集中使用肥料又可提高肥料的利用率。有机肥必须充分腐熟，一是可以避免烧根；二是可以杀灭携带的病原菌和虫卵。

第二章 马铃薯种薯病毒性退化

第一节 马铃薯病毒病对产量的影响

一、马铃薯退化症状表现

马铃薯连续种植几年后，会出现长势衰退、茎叶病态、产量和品质降低的现象，具体表现为植株矮化、丛生、长势衰退或叶片卷曲、皱缩或黄绿相间的花叶、斑驳、条斑，严重时叶片背面出现脉坏死、叶片枯死垂吊，甚至脱落，同时地下块茎越来越小，部分块茎切开后可见褐色网纹状坏死，失去食用价值，芽眼开始出现坏死，产量明显降低，人们把这种现象称为马铃薯退化。特别是在马铃薯种植区域温度相对较高的地方，退化速度较快，需要年年更换种薯。

马铃薯种性退化现象的主要原因是由于多种传染性病毒对马铃薯侵染造成的。近20多年来，随着栽培技术的进步，培育的新品种越来越多，加之引进的新品种，使得马铃薯病毒种类也随之增多，增加了一些复合感染的病毒病害，使得局部区域病毒病更加严重，原当地主栽品种已无法留种。

二、已知马铃薯病毒种类

根据报道，已知侵染马铃薯的病毒约有18种。在我国已明确7种病毒专性寄生于马铃薯，分别为马铃薯X病毒（PVX）、马铃薯Y病毒（PVY）、马铃薯M病毒（PVM）、马铃薯S病毒（PVS）、马铃薯A病毒（PVA）、马铃薯卷叶病毒（PLRV）和马铃薯奥古巴花叶病毒（PAMV）。而马铃薯纺锤块茎类病毒（PSTVd）是自然侵染马铃薯的类病毒，在我国许多栽培品种和实生种子亲本中存在。

三、病毒传播途径

1. 自然传播 即带病植株茎叶与健康植株茎叶相互接触和摩擦，造成病毒传播。

2. 农事操作 在农事操作时通过工具以及人的衣物碰擦也能传毒。

3. 昆虫媒介传毒 以蚜虫、跳甲以及粉虱等昆虫，通过刺吸或咬食带病植株茎、叶汁液后，再刺吸或咬食健康植株传毒。

健康植株受感染后，病毒会在其体内增殖并活动，引起相应的症状。同时病毒也在块茎中累积，并通过无性繁殖世代传递。

第二节 茎尖脱毒种薯生产技术

马铃薯脱毒种薯的推广应用，是目前国内外解决马铃薯因病毒侵染导致的品种退化、产量降低、品质下降的最有效措施。利用茎尖脱毒技术生产无病毒种薯，是20世纪50年代中期在马铃薯生产上的一大贡献。该技术利用病毒在作物组织中分布不均性，即越靠近根、茎顶端病毒越少的原理，切取茎尖组织培养实现的。

脱毒苗是指应用茎尖组织培养技术获得的再生试管苗，经检测确认不携带马铃薯X病毒、马铃薯Y病毒、马铃薯S病毒、马铃薯卷叶病毒和马铃薯纺锤块茎类病毒的苗。

一、茎尖剥离

第一步：将马铃薯发芽块茎置入30～35℃下处理28天，35～38℃处理7～10天，在光照度为2 000勒克斯条件下每天光照12小时，处理28天。

第二步：取材和消毒，剪去处理后的茎尖，用清水漂洗30分钟后剥去大叶片，在超净工作台进行严格消毒后，放入无菌培养皿中。

第三步：剥离和接种。在超净工作台中，将消毒后的芽进行仔细剥离，直到显现出圆滑的生长点，用解剖针切取0.1～0.3毫米并带1～2片叶原基的茎尖生长点接种于无菌培养基上。

第四步：培养。接种好的茎尖放入培养室中培养，温度为20～23℃，光照12小时/天，光照度为2 000勒克斯，1～3个月后形成基础苗，经有资质的机构检测符合脱毒种苗质量标准后扩繁。

二、脱毒效果的检验

为确保培养出无毒的种薯，对于每一个由茎尖或愈伤组织培养的植株把它们用作母株以生产无病毒原种之前，必须针对特定的病毒进行检验。只有通过了对某种或某些特定病毒的检验，才可以在生产上推广使用。

确定在植物组织中是否有病毒存在的最简单的方法，是检验茎叶是否有该种病毒所特有的可见症状。但由于可见症状要经过相当长的时间才能在寄主植物上表现出来，因此，需要有更敏感的检验方法，如病毒的汁液感染法。

随着科学技术的发展，马铃薯病毒检测方法有多种，如症状学法、指示植物法、血清学法、电镜技术、双链RNA分析、酶联免疫吸附试验法、核酸斑点杂交技术（NASA）、逆转录聚合酶链式反应法等多种。症状学法、指示植物法、血清学法3种方法简单、易行、不需要贵重的仪器药品，一般的科研单位、种薯生产者都能掌握，此外对于不表现可见症状的潜伏病毒来说，血清学法和电镜法则是唯一可行的鉴定方法。

三、指示植物法

指示植物法就是取鉴定的病株，通过汁液摩擦或媒介昆虫接种在指示植物上，观察其症状的反应，确定马铃薯内有无病毒或带某种病毒的方法。但该方法存在工作量大、检测周期长、灵敏度差、难以对大量样本进行检测、易受气候或栽培条件影响等缺陷。

1. 常用指示植物 千日红、马铃薯A6无性系、毛曼陀罗、白花刺果曼陀罗、洋酸浆、心叶烟、黄花烟、普通烟等。

2. 鉴定方法

（1）从田间将病组织采集回来后（一般选择中部叶片，也可选择块茎、脱毒苗），冲洗干净。

（2）用小型喷粉器将400～600目的金刚砂喷施在指示植物叶片上，将病组织摩擦接种在不同的指示植物上，也可将病组织加入0.01摩尔/升的磷酸缓冲液后研磨成汁液，用无毒棉球蘸取汁液摩擦接种。

（3）定时观察指示植物叶片症状，不同的病毒种类在同一指示植物上的症状不同，同一种病毒在不同种指示植物上的症状也不同（表2-1）。

表2-1　几种病毒感染主要指示植物后的表现症状

病毒种类	感染方式	表现症状
马铃薯X病毒（PVX）	汁液摩擦	千日红：接种5～7天，叶片上出现紫红环枯斑 白花刺果曼陀罗：接种后10天，心叶出现花叶症状 毛曼陀罗：20℃条件下，接种10天后，心叶出现花叶症状，叶片出现局部病斑

（续）

病毒种类	感染方式	表现症状
马铃薯Y病毒（PVY）	汁液摩擦或昆虫	马铃薯A6无性系：接种5～10天，初发病时，叶片出现绿色圆环病斑，后变褐色环状坏死枯斑 洋酸浆：接种后，室温16～18℃条件下，经10～15天，叶片出现黄褐色不规则的枯斑，以后落叶 普通烟草：接种7～10天，感病初期叶片出现明脉，后期网脉脉间颜色变浅，形成系统斑驳
马铃薯S病毒（PVS）	汁液摩擦	千日红：接种14～25天，叶片出现红色小斑点和略微凸出的圆环小斑点 苋色藜：接种20～25天接种叶片出现局部黄色斑点 毛曼陀罗：出现轻微花叶症
马铃薯M病毒（PVM）	汁液摩擦或昆虫	千日红：接种12～24天，叶片出现橘红色小圆枯斑 毛曼陀罗：接种10天后，叶片出现失绿至褐色病斑
马铃薯A病毒（PVA）	汁液摩擦	马铃薯A6无性系：叶片出现褐色星状斑点 香料烟：接种叶片出现微明脉
马铃薯卷叶病毒（PLRV）	昆虫	白花刺果曼陀罗：蚜虫接种后，系统卷叶

四、无毒材料的保存

一个无病毒品种经过脱毒和检测后才可能获得，因此，代价很高。但无病毒植株并没有获得额外的抗病性，它还可能再次被同一病毒或不同病毒感染。因此，应将无毒原种种在温室或防虫罩内灭过菌的土壤中，以防止蚜虫传毒以及各种条件下的机械传毒。在大规模繁殖这些植株时，应把它们种在田间隔离区内，或采用春播早留种和夏播留种的方法。也可把经过茎尖脱毒处理和检验的植株通过离体培养进行繁殖和保存。

五、组培苗生产

在无菌操作条件下，用剪刀将基础苗剪成1～2厘米并带1～2

个芽的茎段，并用镊子将芽茎段插入无菌MS培养基中进行组织培养。培养条件：温度18 ~ 25℃，光照14 ~ 16小时/天，光照度为2 000 ~ 3 000勒克斯，培养30天后待小苗长10厘米左右时，进行下一轮快繁转接。

组培苗生产完成后就可进入下一步原原种的生产。

六、原原种的生产

马铃薯脱毒原原种指用脱毒苗在容器内生产的微型薯或在设施条件下生产的符合质量标准的种薯（图2-1）。

图2-1　原原种生产

1. 环境要求　用于生产原原种的网棚要选择在自然隔离条件好、地势平坦、排水方便、便于管理的场地修建，特别是周围1.5千米范围内没有茄科作物种植。

2. 苗床要求　尽量选用当地草灰、腐殖土和沙土等原料，按1 ∶ 1的比例与膨胀珍珠岩（直径1 ~ 3毫米）充分混匀后，再加一定量的腐熟有机肥或化肥制成基质，pH5.5 ~ 7.0，放入整好的苗床内，移栽苗床厚度为9 ~ 11厘米。苗床制作好后要进行网棚灭菌工作，一般用市售甲醛，按20千克/亩的用量，通过软管喷雾到网棚中，密闭7天进行灭菌。

3. 脱毒苗移栽 将符合移栽标准的脱毒苗从培养室中取出，在清洗区域洗去培养基，按株距7厘米、行距15厘米，打孔栽植，根据苗高确定深度，保持地上部2～3片叶，压紧基部，及时浇透定根水。网棚温度控制在17～21℃，气温高时用遮阳网（70%的遮光率）遮挡幼苗，防止阳光灼伤，加强通风，随时喷雾降温保湿，气温低时，可采用单、双层地膜覆盖以增温。5～7天后幼苗长出新根即可转入正常管理。

4. 生产管理 主要包括温度、湿度、营养、培土及病虫害防治等。

在原原种生产过程中温度一般控制在18～25℃；湿度根据不同生育期进行控制，苗期土壤最大持水量为60%、块茎膨大期为70%～80%、收获期为60%～70%；按照不同生育期需求做营养液配方，15～30天浇施1次，整个生育期不停观察，出现植株长势弱或营养生长过剩时及时调整措施；在块茎形成期用基质培土1～2次，厚度4～5厘米，确保结薯层次，提高结薯数量。

在网棚栽培，由于温湿度适宜，以马铃薯晚疫病为主的病害极易发生流行，应及时喷施对应杀菌剂进行预防，如发现中心病株应立即拔除，同时应控制人员进出生产网棚，阻止病菌传播。虫害也是如此，应根据实际情况进行防控。

5. 采收与贮藏 采用人工收获，收获时防止损伤薯皮，及时剔除破皮薯、烂薯，风干7～10天后，分级装入尼龙网袋，并加注标签，注明品种名称、生产单位等相关信息。入库前，贮藏室用甲醛消毒，地面撒施石灰，贮藏温度为4℃ ±1℃，湿度为70%左右，贮藏室通风，定期检查，清除烂薯。

第三章 马铃薯品种

第一节 马铃薯品种分类及优良品种选用

一、品种分类

常见的分类方法有4种，即按用途分类、按生育期分类、按薯皮颜色分类、按薯肉颜色分类。

1. 按用途分类 主要分为菜用型和加工型两大类。

（1）菜用型品种。要求一般为：大中薯率较高，一般在75%以上，薯形好、大小整齐一致、表皮光滑、耐贮藏等。薯块含淀粉13%～17%，每100克薯块维生素C含量15毫克以上，粗蛋白含量1.8%以上，食性好，炒时不易成糊状，薯皮和薯肉颜色不同地区喜嗜性不一。

（2）加工型品种。可分为淀粉加工型、油榨加工型、全粉加工型，其中油榨加工型又可细分为油炸薯片型和油炸薯条型。

淀粉加工型品种：淀粉含量不能低于15%，薯块芽眼要求浅。

油炸薯片型：干物质含量须在19.6%以上，还原糖含量0.2%以下，耐低温糖化，回暖降糖效果好，薯形为圆形至椭圆形，芽眼浅，白皮白肉，耐贮运。

油炸薯条型：干物质含量须在19.9%以上，还原糖在0.3%以下，薯形为长形至长椭圆形，长度在7.5厘米以上，宽度大于3厘米，单薯重量应在120克以上，芽眼浅，白肉，耐贮运。

全粉加工型：还原糖在0.3%以下，干物质含量须在19.9%以上，薯块芽眼浅。

2. 按生育期分类 可分为早熟品种、中熟品种、晚熟品种。

3. 按薯皮颜色分类 可分为白皮、黄皮、红皮、紫皮等类型。

4. 按薯肉颜色分类 可分为白色、黄色、紫黑色等。

二、优良品种选用

1. 优良品种判断 主要依据：一是产量高，单株生产能力强，块茎个大，单株结薯个数适中；二是抗逆性强，能抗病虫害、抗旱等自然灾害，对不同土质、不同生态环境有一定的适应能力；三是块茎优良，商品性好，主要表现为薯形好、芽眼浅、耐贮藏、干物质积累好、淀粉含量适当、食用性好、大薯率高等。

2. 优良品种选用 通常要考虑3个因素，一是种植目的，可根据市场的需求，决定是种植加工型品种还是菜用型品种。二是根据地理位置、生产条件及种植习惯等因素选用相应的品种，在北方一季作区，应选用抗病、中晚熟品种，以便充分利用当地的生育期，获得高产；在中原二季作区，有间套作习惯的地方，则选用休眠期相对短、早熟矮株、分枝少、结薯集中的品种；在交通便利的区域，可选用早熟菜用型品种，以便早收获、早上市，获取高效益；如果当地加工企业集中，则考虑种植高淀粉含量的品种，以便销售。三是根据品种特性选择，如干旱地区选择耐旱品种、晚疫病发生重的区域选择耐病品种等。

第二节　马铃薯主要品种介绍

目前，培育成的马铃薯品种有200多个，其中在生产一线推广面积较大的、具有抗病、高产的品种有50多个（表3-1），我国马铃薯品种在块茎性状、食用或加工品质、抗病性等方面有了较大的提高。

表3-1　马铃薯主要品种

分类	收获时间	主要品种
早熟品种	出苗后50～70天可收获	中薯2号、中薯3号、中薯4号、费乌瑞它、东农303、克新4号、川芋早、早大白、豫马铃薯1号、鄂马铃薯4号、双丰5号、双丰6号、春薯5号、系薯1号
中熟品种	出苗后70～90天可收获	毕引1号、黔芋2号、坝薯9号、克新1号、克新2号、克新3号、冀张薯3号、冀张薯4号、冀张薯7号、延薯4号、南中552、鄂马铃薯2号、鄂马铃薯3号、克新13、秦芋30、春薯3号、大西洋、夏波蒂
中晚熟品种	出苗后110～120天可收获	黔芋1号、威芋4号、合作23、毕薯2号、黔芋6号、威芋3号、坝薯10号、晋薯5号、晋薯11、晋薯13、晋薯14、高原7号、榆薯1号、克新12、合作88、虎头、鄂马铃薯6号
晚熟品种	出苗后120天以上收获	宁薯4号、宁薯5号、青薯9号、冀张薯10号、晋薯8号、赤褐布尔班克、陇薯2号

一、早熟品种

1. 中薯2号

主要性状：极早熟品种，生育期50～60天。植株扩散型，分枝较少，高约55厘米，茎带有紫褐色素。叶色深绿，复叶中等大小。花冠紫红色，天然结实性强。块茎扁圆形，大而整齐，表皮光滑，皮和肉均呈淡黄色，芽眼较浅，结薯集中，休眠期极短，仅40天左右，食用品质优良，耐贮藏。淀粉含量15%左右，蛋白质含量1.4%～1.7%，还原糖含量低于0.2%，100克鲜薯维生素C含量80毫克。该品种抗马铃薯花叶病毒和马铃薯卷叶病毒，易感马铃薯重型花叶病毒、马铃薯疮痂病和马铃薯晚疫病。一般单产为22 500～30 000千克/公顷。

适种地区及栽培要点：该品种适宜在南方冬作区、中原二季作区、北方一季作区作为早熟蔬菜栽培。可与玉米、棉花等作物间作套种。该品种适宜密植，一般种植密度为67 500～75 000株/公顷。在结薯期如遇干旱，应及时浇水，避免发生二次生长，影响产量和商品质量。

2. 中薯3号

主要性状：早熟品种，生育期60～70天。株型直立，高60厘米左右，茎绿色，分枝少，生长势强。叶色浅绿，复叶大，叶缘波状。花冠白色，可天然结实。块茎卵圆形，大而整齐，表皮光滑，皮肉均呈淡黄色，芽眼少而浅，结薯集中，耐贮藏。食用品质好，淀粉含量12%～14%，还原糖含量0.3%，100克鲜薯维生素C含量20毫克。较抗马铃薯病毒病，易感马铃薯晚疫病。一般单产为22 500～30 000千克/公顷。

适种地区及栽培要点：该品种适应性较广，耐旱。适合一、二季作地区的早熟栽培，可与玉米、棉花等作物间作套种。一般种植密度为60 000～75 000株/公顷，结薯期和块茎膨大期如遇干旱，应及时浇水。

3. 中薯4号

主要性状：极早熟品种，生育期55～60天。株型直立，高约55厘米，分枝较少，茎绿色，基部呈淡紫色。叶色深绿，叶缘平展。花冠淡紫色，可天然结实。块茎长椭圆形，表皮光滑，皮肉均呈淡黄色，芽眼少而浅，结薯集中。淀粉含量13.3%，粗蛋白质含量2.04%，还原糖含量0.47%，100克鲜薯维生素C含量30.6毫克。抗马铃薯花叶病毒，较抗马铃薯晚疫病和马铃薯疮痂病。一般单产22 500～30 000千克/公顷。

适种地区及栽培要点：该品种适合南方二季作区、中原二季作区、西南单双季混作区早熟栽培，也可与其他作物间作套种。一般种植密度为67 500 ~ 75 000株/公顷。结薯期和块茎膨大期如遇干旱，应及时浇水，保证马铃薯正常生长，避免二次生长和产生畸形薯。

4. 费乌瑞它

主要性状：早熟品种，生育期60 ~ 70天。株型直立，分枝少，高60厘米左右，茎有紫色素，生长势强。叶绿色，复叶大，叶缘呈波状。花冠大，呈紫红色，能天然结实。块茎长椭圆形，大而整齐，皮光滑，皮肉均呈黄色，芽眼少而浅，结薯集中，食味好，休眠期较短（3 ~ 3.5个月）。淀粉含量13% ~ 14%，干物质含量17%左右，粗蛋白含量1.55%，还原糖含量0.3%，100克鲜薯维生素C含量13.6 毫克。该品种易感马铃薯青枯病、马铃薯环腐病和马铃薯晚疫病，抗马铃薯疮痂病、马铃薯X病毒、马铃薯卷叶病毒和马铃薯Y病毒，对马铃薯A病毒和马铃薯癌肿病免疫。丰产性好，一般单产37 500千克/公顷。

适种地区及栽培要点：该品种适应性广，在贵州、辽宁、黑龙江、内蒙古、广东、福建和广大的中原二季作地区均有栽培。二季作地区可进行春秋两季栽培，可与其他作物间作套种。该品种喜肥，应选择肥力较好的地块栽培，一般种植密度为75 000 ~ 82 500株/公顷。该品种对光敏感，运输和贮藏过程中，应注意遮光。应注意及时防治晚疫病，避免扩散蔓延危害。

5. 克新4号

主要性状：早熟品种，生育期60 ~ 70天。株型开展，高50厘米左右，复叶大小中等，叶缘平展。花冠白色，雄蕊黄绿色，不能天然结实。块茎大小中等，椭圆形，芽眼深浅中等，皮黄色，肉淡黄色，结薯集中。淀粉含量13%左右，干物质含量21.4%，还原糖含量0.04%，粗蛋白质含量2.2%，100克鲜薯维生素C含量14.8毫克。植株易感马铃薯晚疫病、马铃薯环腐病，但块茎较抗马铃薯晚疫病、马铃薯花叶病毒，轻感马铃薯卷叶病毒，耐马铃薯纺锤块茎类病毒，耐贮藏。丰产性好，一般单产22 500 ~ 30 000

千克/公顷。

适种地区及栽培要点：该品种适应性较广，在辽宁、山东、黑龙江、河北、天津、河南、安徽、上海等地均有栽培。可与粮、棉、菜等间作套种，一般种植密度为67 500 ~ 75 000株/公顷。

6. 川芋早

主要性状：早熟品种，生育期65 ~ 70天，株型开展，高50 ~ 60厘米，茎粗壮，分枝3 ~ 4个。复叶大，生长势强，花冠白色。块茎椭圆形，大而整齐，皮肉均呈淡黄色，表皮光滑，芽眼浅，结薯集中，块茎休眠期短（40天左右）。食用品质好，淀粉含量13%左右，还原糖含量0.47%，100克鲜薯维生素C含量15.6毫克。经田间鉴定，植株抗普通花叶病毒（PVX）和卷叶病毒，较抗晚疫病。一般单产30 000 ~ 42 000千克/公顷。

适种地区及栽培要点：该品种适合西南二季作地区栽培，一般单作密度为75 000株/公顷，与玉米间作密度为52 500 ~ 60 000株/公顷。

7. 早大白

主要性状：极早熟菜用型品种，生育期55天。株型直立，高45 ~ 50厘米，繁茂性中等，叶片绿色，花冠白色。块茎圆形或椭圆形，大而整齐，表皮光滑，大薯率在90%以上，皮肉皆为白色，芽眼较浅，块茎休眠期中等。淀粉含量11% ~ 13%。块茎膨大速度快，一般单产为30 000千克/公顷。

适种地区及栽培要点：该品种主要在山东、安徽、江苏、河北和辽宁等地栽培。一季作地区的城市郊区作为早熟栽培。一般种植密度为67 500 ~ 75 000株/亩，需在肥水条件较好的土壤中栽培，应及时防治晚疫病，避免晚疫病流行扩散。

二、中熟品种

1. 毕引1号

主要性状：中熟品种。生育期80 ~ 90天，株形较直立，高

80厘米，植株长势强，分枝多，分枝节位低，分枝长，茎绿色。叶色深绿，着叶较稀疏。花冠白色。薯块椭圆形，大而整齐，表皮较光滑，皮肉均呈黄色，芽眼少且浅，商品薯率高。淀粉含量21.8%，还原糖含量0.06%。

适种地区及栽培要点：该品种适宜毕节地区及同类生态区种植。单作种植密度为45 000 ~ 60 000株/公顷；套作36 000株/公顷，且要分带种植。底肥为农家肥15 000千克/公顷、普钙750千克/公顷、硫酸钾225千克/公顷、尿素300千克/公顷。适时中耕培土、除草。适时收获，剔除烂薯，在通风透气环境条件下贮藏。

2. 黔芋2号

主要性状：中熟品种，生育期87天左右，株型半直立。高41.7厘米左右，植株繁茂，茎和叶绿色。花淡紫色，天然结实少。薯块圆形，表皮光滑，皮呈黄色，肉呈白色，薯块大小中等，整齐度中等，大中薯率80.5%，芽眼深，芽眼数中等，食味品质优。

适种地区及栽培要点：该品种适宜在贵州省海拔800米以上马铃薯生产区域种植。一般种植密度为60 000 ~ 67 500株/公顷，腐熟农家肥15 000 ~ 22 500千克/公顷，化肥适量作底肥（以贵阳为例，参考值：每公顷施硫酸钾375千克，普钙1 500千克，复合肥600 ~ 1 200千克）。在苗期和现蕾期进行2次中耕，并根据植株长势强弱情况适量追施尿素225 ~ 300千克/公顷。生育期间注意去除杂草、拔除病株。

3. 坝薯9号

主要性状：中熟品种，生育期90天左右。株型扩散，高约为60厘米，茎粗壮，绿色。复叶大，花冠白色，不能天然结实，块茎长椭圆形，表皮光滑，皮肉均呈白色，芽眼深度中等，结薯集中，块茎休眠期短，耐贮藏。淀粉含量14%左右，还原糖含量0.31%，粗蛋白质含量1.67%，100克鲜薯维生素C含量13.8毫克。较抗晚疫病，抗花叶病毒和卷叶病毒，感环腐病和疮痂病，一般单产22 500 ~ 30 000千克/公顷。

适种地区及栽培要点：该品种适应性较广，在河北、山东、内蒙古等地均有栽培，二季作区可春播或间套作。一般种植密度为45 000 ~ 52 500株/公顷，该品种结薯早，块茎膨大速度快，应早培土，需采取早浇水、早追肥等增产措施，并加强田间管理。

4. 克新1号

主要性状：中熟品种，生育期110天左右。株型开展，高60 ~ 70厘米，茎绿色。复叶肥大，花冠淡紫色，雌蕊和雄蕊败育，不能天然结实。块茎椭圆形，大而整齐，表皮光滑，皮肉均呈白色，芽眼深度中等，结薯集中，块茎休眠期长，耐贮藏。淀粉含量13% ~ 14%，干物质含量18% ~ 20%，还原糖含量0.4%，粗蛋白质含量0.65%，100克鲜薯维生素C含量 14.4克，较抗晚疫病，高抗马铃薯卷叶病毒，对马铃薯纺锤形块茎类病毒（PSTVd）有耐病性，根系发达，耐旱性极强，耐贮藏，丰产性好，一般单产30 000千克/公顷左右，丰产可达37 500千克/公顷。

适种地区及栽培要点：该品种适应性广，主要在内蒙古、辽宁、吉林、黑龙江、宁夏、山西等地栽培，在中原二作区的安徽、山东、上海、浙江等地也有栽培。一般种植密度为52 500 ~ 60 000株/公顷。

5. 克新2号

主要性状：中熟品种，生育期95天左右。株型直立，高60厘米左右，茎带有极淡的紫褐色素。叶绿色，复叶大。花冠淡紫色，天然结实性强。块茎圆形，大而整齐，表皮有网纹，皮黄色，肉淡黄色，芽眼深度中等，结薯集中，块茎休眠期长，耐贮藏。淀粉含量15% ~ 16%，干物质含量22.5%，粗蛋白质含量1.5%，还原糖含量0.86%，100克鲜薯维生素C含量13.8毫克，较抗晚疫病，抗马铃薯花叶病毒，轻感马铃薯卷叶病毒，较耐旱，一般单产22 500 ~ 30 000千克/公顷，丰产可达37 500千克/公顷。

适种地区及栽培要点：该品种适应性较广，主要在黑龙江、山东、吉林、辽宁等地栽培，一般种植密度为52 500 ~ 60 000株/公顷。

6. 克新3号

主要性状：中熟品种，生育期95天左右。株型开展，高65厘米左右，生长势强。复叶大，叶缘平展。花冠白色，花粉量多，天然结实性强。块茎扁椭圆形，大而整齐，表皮粗糙，皮黄色，肉淡黄色，芽眼较深，结薯集中，块茎休眠期长，耐贮藏。淀粉含量15%～16.5%，还原糖含量0.01%，干物质含量21.75%，粗蛋白质含量1.37%，100克鲜薯维生素C含量13.4毫克，较抗马铃薯晚疫病，高抗马铃薯花叶病毒和马铃薯卷叶病毒，对马铃薯纺锤块茎类病毒耐病，一般单产30 000～37 500千克/公顷。

适种地区及栽培要点：该品种适应性较广，主要在黑龙江、吉林、辽宁、内蒙古、广东、福建等地栽培，一般种植密度为52 500～60 000株/公顷。

7. 冀张薯3号

主要性状：中熟品种，生育期95天左右。株型直立，高75厘米左右。主茎粗壮，深绿色，复叶肥大。花冠很小，呈白色，易落蕾，不开花，不能天然结实。块茎椭圆形，大而整齐，皮肉均呈黄色，芽眼少而浅，块茎贮藏性较差。淀粉含量15.1%，粗蛋白质含量1.55%，还原糖含量0.92%，100克鲜薯维生素C含量21.2毫克。中抗马铃薯晚疫病，感马铃薯卷叶病毒，一般单产36 000千克/公顷。

适种地区及栽培要点：该品种适应性广，在华北、东北一季作区和西南山区均有栽培，在肥力好的突然中可获丰产，一般种植适宜密度为52 500株/公顷。

三、中晚熟品种

1. 黔芋1号

主要性状：中晚熟品种，生育期95天左右。株型半扩散，高68.2厘米左右，分枝少，茎秆和叶绿色，可天然结实。薯块长椭圆形，表皮较粗糙，，皮肉均呈黄色，结薯集中，芽眼较浅，休眠期较短。商品薯率78.3%，蒸食品质优，干物质含量24.05%，淀粉含量18.2%。高抗马铃薯晚疫病。

适种地区及栽培要点：该品种适宜在贵州省海拔800米以上地区种植，喜高水肥，一般种植密度为52 500 ~ 67 500 株/公顷。注意防治马铃薯晚疫病。

2. 威芋4号

主要性状：中晚熟品种，生育期95天左右。株型直立，平均株高70.6厘米左右，植株繁茂，幼苗长势强，茎叶绿色。花冠淡紫色，花繁茂，天然结实性中等。薯块集中，块茎大，薯块整齐度中等，块茎长圆形，薯皮粗糙，皮呈黄色，肉浅黄色。芽眼中等，商品薯率84.1%。食味较好，淀粉含量高，抗马铃薯晚疫病、马铃薯青枯病和马铃薯病毒病。

适种地区及栽培要点：该品种适宜在贵州省海拔800 ~ 2 500米地区种植。商品薯一般种植密度为60 000 ~ 67 500株/公顷，种薯基地为67 500 ~ 82 500株/公顷，套种密度37 500 ~ 45 000株/公顷。每公顷用15 000 ~ 22 500千克农家肥，375千克钙镁磷肥，450千克马铃薯专用复合肥，苗期视苗情长势追施225 ~ 300千克氮肥，两次中耕、培土、起垄。高海拔一熟制区，在白露后收获为宜。

3. 合作23

主要性状：中晚熟品种，生育期105天。株型直立，高80厘米，茎秆带紫色。花冠白色。块茎圆形或短卵圆形，表皮光滑，皮肉均呈淡黄色，芽眼中等深度带紫色，脐部带紫色，休眠期短。干物质含量24.50%，淀粉含量18.74%，还原糖含量0.299%。抗马铃薯晚疫病。一般平均产量21 000 ~ 39 000千克/公顷。

适种地区及栽培要点：该品种适宜范围广，可冬播、春播、秋播。 适宜云南省三季串换留种地区中、上等肥力地块种植。一般种植密度52 500 ~ 82 500株/公顷。重施底肥，以农家肥为主，适当增施氮、磷、钾复合肥。

4. 毕薯2号

主要性状：中晚熟品种，生育期90 ~ 100天。株型直立，高

75厘米左右。茎淡紫色，叶绿色，复叶大小中等，花淡紫色，花量少，天然结实低。结薯集中，块茎椭圆形，大而整齐，表皮光滑，皮呈红色，肉淡黄色，芽眼浅，芽眼数中等，大中薯率72.7%，耐贮藏。抗病性强，试验中只在生长后期，个别叶片发生马铃薯晚疫病，没有发生其他病害。

适种地区及栽培要点：该品种适宜在贵州省海拔800米以上马铃薯生产区域种植。单作种植密度60 000株/公顷，与玉米套种为39 000 ~ 43 500株/公顷，施用18 000 ~ 22 500千克/公顷农家肥和300 ~ 375千克磷肥作基肥，增施硫酸钾及适量微肥，苗期视长势追施150 ~ 225千克/公顷尿素提苗。肥沃地块不追肥，以免徒长。齐苗后及时中耕，蕾期进行二次中耕培土起垄，增加结薯层。

5. 黔芋6号

主要性状：中晚熟品种，生育期85天左右。株型直立，高75厘米左右，茎叶绿色。花冠浅紫色，天然结实少。匍匐茎长中等，结薯集中。块茎整齐，椭圆形，表皮光滑，皮呈黄色，肉呈白色，芽眼浅，大中薯率86.5%，食味中等，耐肥力较强，耐瘠薄性差，休眠期长，耐贮藏。

适种地区及栽培要点：该品种适宜在贵州省海拔800米以上中高海拔地区种植。单垄单行种植密度64 500 ~ 67 500株/公顷，单垄双行种植密度为72 000 ~ 79 500株/公顷。中耕培土，加强肥水管理，及时防治马铃薯晚疫病。

6. 威芋3号

主要性状：中晚熟品种，生育期105天左右。株型半直立，高50 ~ 70厘米，茎叶绿色。花冠白色，天然结实性弱。块茎长筒形，大而整齐，表皮呈黄色，有网纹，肉呈白色，芽眼深度中等，耐贮藏，食用品质较好。淀粉含量16% ~ 17%，还原糖含量0.33%，耐马铃薯晚疫病，抗马铃薯癌肿病，轻感马铃薯花叶病毒，一般单产25 200 ~ 37 500千克/公顷。

适种地区及栽培要点：该品种适宜在贵州、云南1 200米以上马铃薯种植区域栽培，产量高，需肥量大，应选择肥力较好，土质疏松地种植，单作种植密度为45 000 ~ 60 000株/公顷，与玉米套种为30 000 ~ 37 500株/公顷。

7. 坝薯10号

主要性状：中晚熟品种，生育期110左右。株型直立，高约为80公顷，茎粗壮，绿色，并带紫色素。叶绿色，复叶大。花冠白色，很少天然结实。块茎较大，扁圆形，表皮光滑，皮肉均呈淡黄色，芽眼深度中等，结薯集中，耐贮藏。淀粉含量17%左右，还原糖含量0.2%，100克鲜薯维生素C 含量13.15毫克。抗马铃薯晚疫病，较抗马铃薯环腐病，感马铃薯疮痂病，对病毒病有一定的耐病性。抗旱性强，一般单产22 500 ~ 30 000千克/公顷。

适种地区及栽培要点：该品种适宜在一季作地区栽培，一般种植密度为52 500 ~ 60 000株/公顷。

8. 克新12

主要性状：中晚熟品种，生育期100天左右。株型直立，高70厘米左右，茎粗壮。叶色浓绿，叶缘平展。花冠白色，不能天然结实。块茎圆形，表皮光滑，皮呈黄色，肉淡黄色，芽眼浅，结薯集中，耐贮藏。淀粉含量18%以上，还原糖含量0.29%，100克鲜薯维生素C含量14.4毫克，抗马铃薯晚疫病，一般单产18 000 ~ 22 500千克/公顷。

适种地区及栽培要点：该品种适合在黑龙江栽培，植株健壮，喜肥，一般种植密度为48 000 ~ 63 000株/公顷。

9. 合作88

主要性状：中晚熟品种，生育期110天左右。株型半直立，高90厘米左右，茎粗壮，并带有紫色素。叶色浓绿，复叶大。花冠紫色，天然结实性弱。块茎长椭圆形，大而整齐，表皮光滑，皮呈红色，肉呈黄色，芽眼少而浅，结薯集中，块茎休眠期长，耐贮藏，食用品质好。淀粉含量19.9%左右，还原糖含量0.3%，中抗马铃薯晚疫病，高抗马铃薯卷叶病毒，一般单产30 000 ~ 37 500千克/公顷。

适种地区及栽培要点：该品种为短日型品种，适宜在云南省春季种植，需肥量大，一般种植密度为67 500株/公顷。

四、晚熟品种

1. 宁薯4号

主要性状：晚熟品种，生育期120天左右。株型直立，高50厘米左右。叶绿色，花冠白色，块茎圆形，大而整齐，皮肉均呈黄色，芽眼深度中等，结薯集中，块茎休眠期长，耐贮藏，食用品质好。淀粉含量15%，粗蛋白质含量1.42%，抗旱，较抗卷叶病毒，一般单产24 000千克/公顷。

适种地区及栽培要点：该品种适宜在西北半干旱或阴湿地区栽培，半干旱地区一般种植密度为52 500株/公顷，阴湿地区为60 000株/公顷。

2. 宁薯5号

主要性状：晚熟品种，生育期120天左右，株型直立，高50厘米左右，叶绿色，花冠白色，块茎圆形，大而整齐，皮呈黄色，肉呈白色，芽眼深度中等，结薯集中，块茎休眠期较短，食用品质好。淀粉含量15%，粗蛋白质含量3.2%，抗马铃薯晚疫病，抗马铃薯花叶病毒，对马铃薯卷叶病毒病有耐性。一般单产24 000 ~ 30 000千克/公顷。

适种地区及栽培要点：该品种适宜在宁夏半干旱地区或阴湿地区栽培，半干旱地区一般种植密度为52 500 ~ 60 000株/公顷，阴湿地区为60 000 ~ 67 500株/公顷。

3. 冀张薯10号

主要性状：晚熟品种，生育期94天左右。株型直立，高53厘米，叶绿色，茎淡绿色。花冠淡紫色，天然结实性中等。块茎圆形，表皮光滑，皮肉均呈白色，芽眼浅，商品薯率72%。淀粉含量17.5%，马铃薯晚疫病、马铃薯早疫病、马铃薯花叶病、马铃薯卷叶病发生较轻，一般单产25 000 ~ 30 000千克/公顷。

适种地区及栽培要点：该品种适宜在河北、山西、陕西榆林、内蒙古等华北一季作区栽培，一般种植密度为57 000 ~ 60 500株/公顷。

4. 晋薯8号

主要性状：晚熟品种，生育期120天左右。株型直立，高80厘米左右，茎绿色。叶深绿色，复叶大。花冠浅蓝色。块茎圆形，表皮光滑，大而整齐，皮呈黄色，肉淡黄色，芽眼较深，结薯集中，块茎休眠期长，耐贮藏。淀粉含量19.4%，粗蛋白质含量3.03%，100克鲜薯维生素C含量9.26毫克，抗马铃薯晚疫病，轻感马铃薯病毒病，耐旱，一般单产30 000千克/公顷。

适种地区及栽培要点：该品种主要在华北一季作地区种植，山西省北部山区有大面积种植，一般种植密度60 000株/公顷。

5. 青薯9号

主要性状：晚熟品种，生育期115天左右。株型直立，分枝多，生长势强，枝叶繁茂，茎绿色带褐色，基部紫褐色。叶深绿色，复叶挺拔、大小中等，叶缘平展。花冠紫色，天然结实少。结薯集中，块茎长圆形，皮呈红色，肉黄色，成熟后薯块表皮有网纹、沿维管束有红纹，芽眼少而浅。

适种地区及栽培要点：该品种适宜在青海东南部、宁夏南部、甘肃中部、贵州西部种植。一般种植密度3 200 ~ 3 700株/亩。

第四章 马铃薯高产栽培技术

第一节 马铃薯高产栽培要点

我国幅员辽阔，自然地理、气候状况差异特别显著，因此，马铃薯栽培条件也是千差万别。但是在种植马铃薯过程中，为了获取高产，在种薯、土壤、肥料及田间管理方面存在着共同之处。

一、种薯

1. 种薯选择 高质量的种薯是马铃薯健壮生长的基础。

必须选用脱毒种薯，脱毒种薯出苗早、植株健壮、叶片肥大、根系发达、抗逆性强、丰产潜力大，且要用早代脱毒种薯。在挑选种薯时，选择薯形整齐、符合本品种性状、薯皮光滑细腻、皮色新鲜的幼龄薯或壮薯，剔除冻、烂、病、伤、萎蔫以及畸形块茎。

2. 种薯催芽 绝大多数种薯出窖后仍处于休眠期，如不经过催芽处理，出窖后马上切块、播种，不仅会出现出苗不齐、不全、不健壮的现象，而且出苗相对晚，甚至有的块茎不出苗，造成缺苗。为了避免上述情况出现，就要进行种薯催芽处理，具体措施有困种、晒种。

（1）困种。把选用的种薯装在尼龙网袋中，堆放于空房子、日光温室仓库等处，使温度保持在10～15℃，房间中有散射光即可，经过15～20天，当芽眼刚刚萌动见到小白芽锥时，即可切芽播种。

（2）晒种。把未切种薯摊开在光线充足的房间或日光温室中，温度保持在10～15℃，并经常翻动，让每个块茎都能充分见光，当薯皮开始发绿，芽长至1～1.5厘米时，节间短缩、色深发紫，基部有根点时，即可切芽播种。

在催芽过程中，因催芽时间长，种薯内携带马铃薯环腐病、马铃薯黑胫病以及马铃薯晚疫病等病原的块茎都会在此过程中表现出相应的症状，可以在催芽过程中剔除病薯。

3. 种薯切块　种薯切块种植，能够促进块茎内外氧气交换，破除休眠，提早发芽和出苗。种薯切块时，每个芽块的重量最好达到50克，最小不能低于30克，50克左右的种薯不用切，可以整薯播种。60～100克的种薯，先将种薯脐部切掉，然后自顶部纵切为2块；110～150克较大的种薯，先将尾部切下1/3，然后再从顶芽劈开，切成3块；160～200克乃至更大种薯，应自基部顺螺旋状芽眼向顶部切块，切为4～6块，顶部切块可与基部切块分开存放，分开催芽、播种，有利于出苗整齐。

图 4-1　种薯切块

在种薯切块时，一些种传病害如环腐病、黑胫病、病毒病等就可能通过切刀进行传播。有研究表明，用切刀切一个携带环腐病的块茎后，在继续使用其切块茎时，可传染24～28个芽块。为了避免切刀传播病害，在切块时切刀要进行频繁的消毒。通常的做法是：每个操作人员准备2把切刀，一个放在装有消毒液的容器内，用消毒液浸泡灭毒，另一把用于切块，切刀5分钟或切到病薯时必须更换刀具，换下来的切刀继续放在消毒容器中消毒5分钟，消毒液一般为75%酒精或0.5%～1%高锰酸钾溶液（图4-1）。

4. 提倡小整薯播种 小整薯播种可以避免芽块播种产生的一系列问题。主要表现为：

（1）大幅度节省用种量。种薯切块每亩需求150～180千克，小种薯播种每亩需求为100千克左右，可以大幅度降低用种量。

（2）出苗整齐。小种薯外层有一层厚的木栓化表皮，有利于保存块茎内的水分、养分，在土壤过干、过湿的条件下，可最大限度地保证出苗整齐，且苗壮，为马铃薯高产奠定基础。

（3）可以充分发挥顶端优势。小整薯播种时，顶部芽眼可以充分发挥顶端优势，芽粗壮，可发出多个主茎，一般每个主茎可结3～5个块茎，主茎数多，结的块茎也相应增加，产量也相应增加，有资料表明，小整薯播种比芽块播种一般可增产20%以上，最高可增产1倍。

（4）减少病害传播。在切薯过程中，切刀是许多病害传播的媒介，如病毒病、青枯病、环腐病等病害，如果一个块茎种薯带病，可以通过切刀感染20多块种薯，会造成种薯退化（如马铃薯病毒病）、田间病害传播迅速（如青枯病、晚疫病、黑胫病等），还会污染土壤、加重窖藏腐烂等现象。小整薯播种可有效地杜绝病毒性、细菌性、真菌性病害通过切刀传播。

在选用小整薯播种时一定要提前进行催芽处理，使根系早发育，有利于马铃薯植株生长和高产。

5. 药剂拌种 在马铃薯生长过程中，为了防止地下害虫、土壤携带的病原菌等有害生物对种薯的侵害，以及减轻马铃薯生长过程中病虫害的发生，提高马铃薯植株的抗逆性，在播种时要进行种薯拌种处理（图4-2）。

（1）选择拌种剂组合原则。拌种药剂可选一种或多种，在选择多种拌种药剂时，要注意药剂间是否产生拮抗作用，是否可以混用。拌种药剂的选择要根据当地种植区域实际情况以及种薯品质来选择。例如，当地种植区域地下害虫发生普遍时，拌种就要加入杀虫剂；如果细菌性病害发生普遍就要加入细菌性病害的杀菌剂；如真菌性病害发生重，还要加入广谱性内吸性杀菌剂；如果土壤贫瘠或种薯品质一般，则还需加入促进生长的生长调节剂等。

图 4-2　药剂拌种

（2）拌种方法。马铃薯拌种方法主要有两种，一是把选用好的药剂按照使用剂量标准准备好，与滑石粉均匀混合，滑石粉一般每亩用2千克，然后再与切好的种薯均匀拌种；二是将适合用水稀释的农药按照使用剂量要求稀释后，均匀喷洒在种薯上，再拌上滑石粉或者兑好其他农药的滑石粉。

种薯拌种后，要放置一段时间将其晾干后才能播种。

（3）拌种推荐药剂品种。

①60%吡虫啉悬浮种衣剂（高巧）：专用于种子包衣的高效杀虫剂，能够有效地减轻地下害虫对种薯的为害，100千克种薯推荐使用剂量为20毫升。

②70%丙森锌可湿性粉剂（安泰生）：广谱性杀菌剂，能够有效预防或减轻多种病害的发生，100千克种薯推荐使用剂量为100克。

③72%农用链霉素可湿性粉剂：细菌性杀菌剂，使用该药剂拌种，能够有效地预防或减轻青枯病、黑胫病等细菌性病害的发生，推荐使用剂量为1 000倍液。

④25%嘧菌酯悬浮剂（阿米西达）：广谱性杀菌剂，具有保护、治疗等双重功效。100千克种薯推荐使用剂量为20克。

⑤70%甲基硫菌灵可湿性粉剂：广谱性内吸低毒杀菌剂，具有保护和治疗功能，能够有效防治多种真菌性病害，使用该药剂拌种能够有效地预防或减轻多种病害的发生，100千克种薯推荐使用剂量为100克。

⑥0.136%芸苔•吲乙•赤霉酸可湿性粉剂（碧护）：纯天然的植物生长调节剂，能够有效促进根系全面发育、植株健壮生长，从而提高植株的抗逆性。100千克种薯推荐使用剂量为1.5 ~ 2克。

⑦22%氟唑菌苯胺悬浮种衣剂（阿马士）：专用于种子包衣的高效杀菌剂，全新有效成分和作用机理，无交互抗性，对种传和土传马铃薯黑痣病有较好的防治效果，100千克种薯推荐使用剂量为8 ~ 12毫升。

⑧77%硫酸铜钙可湿性粉剂（多宁）：广谱性杀菌剂，能够有效地预防和减轻多种病害发生，如马铃薯晚疫病和马铃薯青枯病及一些土传病害，100千克种薯推荐使用剂量为100克。

⑨50%克菌丹可湿性粉剂（美派安）：广谱性杀菌剂，不含金属离子，具有多个防病作用位点，能够有效地预防和减轻多种真菌性病害发生，100千克种薯推荐使用剂量为100克。

二、土壤

1. 选地　种植土地合适，就能为马铃薯提供良好的生长环境条件和物质基础，是达到高产丰收的前提。因此，选地对马铃薯栽培来说十分重要。

图4-3　选　地

马铃薯根系生长、块茎的形成及膨大都要求土壤有充足的氧气，所以在选地时尽量选择地势平坦、土壤疏松肥沃、土层深厚，涝能排水、旱能灌溉、壤土或沙壤土的平地或缓坡地，土壤pH5 ~ 7.5最为适宜（图4-3）。不选择地势低洼、黏重土壤地块，因为在多雨潮湿的条件下马铃薯晚疫病等病害易重发生。选地时切忌与茄果类或十字花科作物重茬。

2. 深耕 马铃薯属于浅根系作物，根系穿透力差，在块茎播种后至出苗前，根系在土壤中发育的越好，幼苗出土后植株生长的就越壮，产量也相应提高。深耕可改善土壤的物理性状，使得土壤疏松，透气性好，蓄水、保肥及抗旱能力提升，十分有利于马铃薯根系生长发育和块茎膨大，同时可以大幅减少土壤中携带病原菌基数，消灭大部分虫卵（蛹），减轻下季马铃薯病虫害。所以深耕是保证马铃薯高产的基础。深耕深度一般为20 ~ 25厘米。

三、施肥

1. 施足底肥 我国种植马铃薯的地区大部分是灌溉条件较差的区域，在马铃薯播种前，按“基肥为主”的原则施足底肥，通常情况下在播种前或播种时把总施肥量的65% ~ 70%施入土壤中，以便马铃薯根系充分发育以提供植株生长所需的养分。在施底肥时，可把农家肥和化肥混合施用。农家肥通过土壤微生物分解，不仅可改善土壤结构，增强土壤保水、保

图4-4 施农家肥

肥能力，而且可以源源不断供给马铃薯生长所需的氮、磷、钾和其他元素。不同种植区域底肥施用量不一，在贵州种植区域，底肥一般包括农家肥1000千克/亩、马铃薯专用测土配方肥40千克/亩或尿素15千克/亩、过磷酸钙30千克/亩、硫酸钾10千克/亩（图4-4和图4-5）。

图4-5　施底肥

2. 适时追肥　在马铃薯生长期内，为了提升植株的长势、提高其抗逆性或是植株出现缺素症时，适时进行追肥。第一次追肥宜早进行，一般在出苗后20～25天，一般采用撒施，结合中耕或浇水进行。中后期追肥由于封垄，不便在土壤中施肥，一般采用叶面喷肥，将一种或多种营养成分或是一些微量元素按适宜剂量和浓度喷施在叶片上，通过气孔等渗入吸收。

在叶面追肥时，必须把握好浓度。浓度过大时，短时间内就会造成“烧苗”症状；浓度偏大时，会造成植株体内某种或几种营养元素偏高，植株也会表现出相应的症状，降低马铃薯块茎产量和品质。在喷雾时，雾滴越细，吸收率越高，可结合病虫害防治同步进行。

四、田间管理

田间管理是根据马铃薯不同生长阶段对外界条件的需求，创造良好的生长环境条件，以满足其根系发育、出苗、植株生长、块茎膨大、干物质积累等各阶段的需求，以发挥其最大增产潜力，获得高产。

田间管理主要包括：中耕培土、除草、追肥、灌（排）水、病虫害防治等。不同马铃薯生育期侧重点不同。

1. 中耕培土 马铃薯齐苗时，进行第一次中耕培土，此时结合除草，以疏松土壤、苗根际培土为主；第二次应在封垄前，培成大垄，从母块到垄顶的高度达到15～20厘米，为结薯打下基础。

2. 除草 马铃薯齐苗时，结合中耕培土进行第一次除草，之后视杂草生长情况适时进行除草，一般在封垄前要进行2～3次除草。

3. 灌（排）水 马铃薯播种后至现苗前期，发芽时靠芽块的水分，此时的根系刚刚伸长，吸水力很弱，土壤中必须保持一定的含水量才便于根系吸收水分和养分，才能促使植株正常生长出苗，在此期间如遇干旱及时浇水补充水分。在其余生育阶段，土壤含水量在60%～80%为宜，如遇干旱及时补水。水分过多也是对马铃薯生长不利，如遇雨后田间积水（图4-6），极易造成马铃薯块茎腐烂（图4-7）和马铃薯晚疫病流行，应立即排水。

图4-6　田间积水

图4-7　水淹导致块茎腐烂

4. 病虫害防治 相关病虫害详见第五章。以马铃薯晚疫病为主的病虫害是马铃薯生产上的主要障碍之一，如果防治不及时将会给马铃薯生产带来毁灭性的后果。

第二节　马铃薯的间作、套作技术

间作就是在同一块土地中于同一生长期内，与其他作物分行或分带相间种植的模式。套作是指在前季作物生长的适宜时期，于其行间播种或移栽后季作物的种植方法。间作和套作的作物都具有共生期，区别在于间作的两种作物共生期长，套作的作物共生期短。马铃薯作物具喜冷凉、生育期短等特点，可与粮、棉、菜、果等多种作物间作、套作，间作、套作搭配合理时，比单作更具增产、增效的优势。

马铃薯与其他作物间作、套作具有多方面优势。一是提高光能和土地利用率，这是最为重要的优势，马铃薯播种较早，如与玉米、棉花等作物间作或套作，可提前30～40天播种，无论是光合作用还是土地利用率都比单作作物要高，在光能利用方面一般要提升30%～50%。二是可以充分发挥地力，由于马铃薯根系较浅，一般分布在土层30厘米左右，与根系分布较深的粮、棉等作物间作或套作，可以分别利用不同土层的养分，充分发挥地力资源。三是可以有效地减轻病虫害发生。四是可以增加收获指数。

一、马铃薯与玉米套作技术

在西南及华北部分较干旱区域，马铃薯与玉米套作是主要耕作栽培方式，比较传统的套种方式是单行马铃薯套作单行玉米，即“单套单”种植方式，这种套作方式的弊端主要体现在争光、争肥、争地力等方面，长势强弱不同的马铃薯、玉米植株拥挤在一起，互相争光、争肥、争地力等，使得植株长势弱，单株生产力得不到充分发挥，从而造成玉米、马铃薯产量一般，甚至降低，特别是玉米因苗期受马铃薯植株遮阴严重，导致后期果穗小、秃尖变长、籽粒少而秕。目前生产逐渐淘汰这一种植方式。而“二套二”套作技术、“双行聚垄”栽培技术正逐步推广（图4-8和图4-9）。

图4-8 “二套二”栽培技术

图4-9 “双行聚垄”栽培技术

1.“二套二”栽培技术

（1）播种时间。马铃薯播种期在2月中下旬至3月上旬。

玉米播种先制营养块，4月上旬播种，播种后覆3厘米细土，然后加盖地膜，1叶1心期揭膜通风，2叶1心期时起苗移栽。

（2）播种方法。播种前拉绳开厢，规范种植，2米开厢，即2米为1个幅带，种植2行马铃薯、2行玉米。马铃薯开沟直播，大行160厘米，小行40厘米，株距28厘米，玉米采用育苗单株密植定向移栽，大行160厘米，小行40厘米，株距24厘米。

（3）田间管理。施足底肥，适时追肥。马铃薯苗齐后及时进行第1次中耕除草，增加土壤的通透性，进入块茎膨大期时进行第2次中耕除草，以培土为主，增加结薯层土壤厚度。玉米移栽后及时掩土，注意查苗补缺，及时防治病虫害。

2.“双行聚垄”栽培技术

（1）选择良种。在坡耕地玉米选用较耐旱、耐瘠的单交、双交或三交品种为主，海拔较低的区域选用高秆大穗型单交或三交品种，而高海拔的区域则选用耐寒性较好的早熟杂交品种。马铃薯则选用株型直立、植株较矮的早熟或中早熟品种。

（2）播种时间。马铃薯播种时间一般为2月上中旬，播种时沿垄沟摆放种薯，芽眼朝上，播后覆土，覆土厚度为10 ~ 12厘米。玉米一般在4月上旬，幼苗生长到2叶1心时，进行移栽，严格按照规格，每窝栽种1株玉米壮苗。

（3）栽培方法。马铃薯采用复合行距1.7～2米开厢、宽窄行双行种植，在窄行处聚垄0.6米左右，垄高0.1～0.15米，在垄厢上开双行马铃薯播种沟，沟宽0.15米左右，沟距0.4～0.5米，预留宽行1.3～1.5米，在宽行中间聚垄0.6米左右，套作双行玉米。马铃薯与玉米之间的距离为0.5米左右。

马铃薯种植时，土地肥力中下等情况下，1.7米开厢，株行距约为0.2米×0.4米，土地肥力中上等情况下，2米开厢，株行距约为0.2米×0.5米。玉米种植时，土地肥力中下等情况下，1.7米开厢，株行距为（0.17～0.2）米×0.4米，土地肥力中上等情况下，2米开厢，株行距约为（0.17～0.2）米×0.5米，移栽时实行单株定向移栽。

马铃薯收获后将茎叶压青并给玉米培土。马铃薯和玉米的行向一般为南北行向，移栽玉米的叶向与行向垂直，连片范围内应相对统一行向，有利于通风透光。

（4）田间管理。施足底肥，适时追肥。马铃薯苗齐后及时进行第1次中耕除草，增加土壤的通透性，进入块茎膨大期时进行第2次中耕除草，以培土为主，增加结薯层土壤厚度。玉米移栽后及时掩土，注意查苗补缺，及时防治病虫害。

二、马铃薯与油菜套作技术

该技术主要用于秋马铃薯生产。

1. 播种时间 马铃薯播种时间为9月上中旬，油菜播种时间为9月下旬。

2. 播种方法 2.2米开厢，厢面2米，厢沟宽20厘米。厢面上种8行（4个双行）马铃薯，5行油菜，马铃薯实行宽窄行栽培，窄行行距10厘米，宽行行距40厘米，边行距厢面边缘15厘米，马铃薯穴距20厘米，双行错窝栽培。油菜在厢面中间直播3行，厢面边缘各播1行油菜，油菜穴距20厘米，每窝栽苗1株。

3. 注意事项 在施底肥时，以腐熟有机肥为主，配合施用复合无机肥。每亩用腐熟厩肥2 000千克、无机复合肥40 ~ 50千克，混匀后施入穴中，不要与种薯接触，避免烧种。施肥后用稻草覆盖厢面，及时除草和追肥，注意病虫害防治。

三、马铃薯与棉花间作技术

马铃薯与棉花间作，一是可提高光能和土地利用率；二是有利于棉花生长，特别是在前期，马铃薯植株为棉苗挡风，同时可推迟棉蚜为害；三是马铃薯收获后，可改善棉株行间通风透光条件，有利于结铃坐桃；四是马铃薯植株腐烂分解后，有利于增加土壤肥力，增补棉花营养。目前推广的有“2+2”间作技术，即双垄马铃薯、双行棉花宽幅间作；“2+4”间作技术，即双垄马铃薯、4行棉花宽幅间作。

1.“2+2”间作技术

（1）播种时间。不同区域播种时间有差异，根据当地实际情况，适时早播。

（2）播种方法。马铃薯播种，播幅宽1.8米，行株距为0.6米×0.2米，播种2垄，棉花苗移栽，棉苗与马铃薯间距0.4米，按行株距0.4米×0.18米播种2行。

（3）田间管理。施足底肥，适时追肥。马铃薯苗齐后及时进行第1次中耕除草，增加土壤的通透性，进入块茎膨大期时进行第2次中耕除草，以培土为主，增加结薯层土壤厚度。

2.“2+4”间作技术　该播种技术以棉花生产为主，在广大棉花种植区推广。

（1）播种时间。不同区域播种时间有差异，根据当地实际情况，适时早播。

（2）播种方法。马铃薯播种，总播宽幅为2.6米，行株距为0.6米×0.2米，播种2垄，棉花苗移栽，棉苗与马铃薯间距0.3米，按行株距0.48米×0.18米播种2行。

（3）田间管理。田间管理措施见“2+2”间作技术。

四、马铃薯间作、套作注意事项

马铃薯与其他作物间作、套作时，合理的田间群体结构才能充分发挥间作、套作技术利用自然资源的优势。如果作物搭配不当或是栽培技术不当，必然会引起作物之间争光、争肥等矛盾。因此，在马铃薯间作、套作技术应用中，必须根据当地气候、土壤以及作物的生物学特性科学处理好作物群体中光、水、肥等之间的矛盾，以提高综合效益。

第三节　马铃薯保护种植技术

马铃薯保护种植类型有多种，在这里着重介绍地膜覆盖技术（图 4-10）、“双膜一苫”技术、三膜覆盖技术。

图4-10　地膜覆盖技术

一、地膜覆盖技术

1. 地膜覆盖的优势 具有明显的增温、保墒、提墒作用，有利于微生物在土壤中活动，加速肥料分解，改善土壤结构，促进根系生长，同时能够抑制杂草生长，在连续降雨的情况下还有降低湿度的功能，减轻病害发生的作用，从而提升植株长势，增加产量。有研究表明，地膜覆盖种植比一般露地种植能增产20%～70%，大薯率提高25%左右。在北方一季作区和二季作区都在大面积推广该项技术。

2. 地膜覆盖的方法

（1）起垄方法。马铃薯采取起垄栽培，种植区域土壤平整后起垄，一般垄底宽0.8米，垄面宽0.7米，垄高10～15厘米，垄间距为0.4米。一垄加一沟为一带，宽约为0.2米。土壤要松、平、净，无石块等杂物，土壤墒情好，并施足基肥，根据需要进行土壤药剂处理，以防病虫草害。

（2）铺膜播种。选用宽90～100厘米、厚0.005毫米左右的塑料薄膜。铺膜时要拉紧薄膜，紧贴地面，垄头和垄边的薄膜要埋入土中，深度为10厘米左右，并压实。为防止薄膜被风吹起，可在垄面上一定距离堆小土埂，压实薄膜。

在先播种后铺膜的地块中，马铃薯出苗后，要及时破膜放苗（图4-11），苗周围用土培好，保证地膜内有较高的土温和较好的墒情。

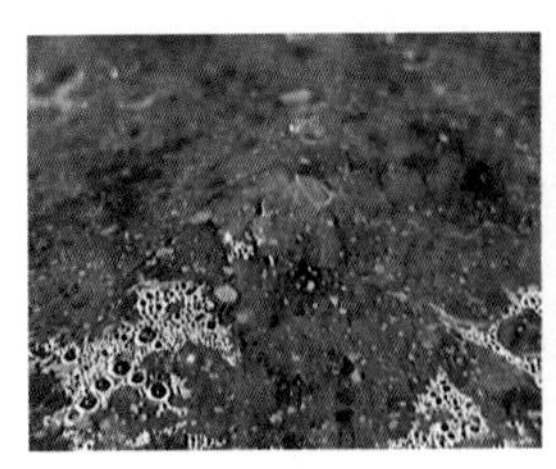

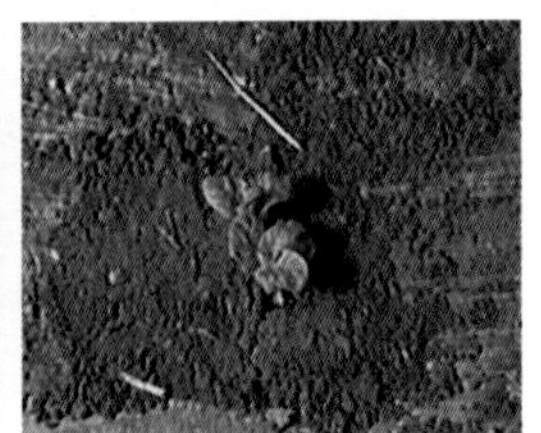

图4-11　破膜放苗

先覆膜后播种的，可在覆膜后垄内温度开始上升后播种，播种时在垄面上按中线两边各20厘米线上，用工具挖穴，穴大小控制合适，穴距25厘米左右，深度约为8厘米，播种后要用湿土盖严，并加以轻拍，封好膜孔。

二、“双膜一苫”技术

“双膜一苫”技术是指钢架（或竹木）大棚加地膜覆盖加草苫的栽培技术。

1.“双膜一苫”技术的优势 在二季作区，春作为主要种植季节，此时温度低，经常寒潮侵袭，限制了马铃薯生长发育。大棚内的温度受外面气温影响波动大，在大棚上覆盖草苫、大棚内采取地膜覆盖，能使棚内铺地膜的地块地温升高5℃以上，适于马铃薯种植。

2.“双膜一苫”技术方法

（1）扣膜提温。为争取时间早播种，必须提前扣膜，快速提高棚内气温和地温。一般先扣大拱棚，大拱棚骨架选用钢体架或竹木架，南北走向易受光，一般棚宽8～10米，高1.8～2.2米，长度视实际情况而定。扣膜时先扣底膜再扣顶膜，扣底膜时，下边接地，把膜埋进沟中压实。大拱棚扣完膜后再铺地膜，如果是先播种后铺膜的情况，要等地温升高后，播完种再铺地膜。大拱棚上面，晚间覆盖草苫，白天揭开，获取光照。

（2）播种。参见地膜覆盖播种。

（3）田间管理。

破膜引苗：播种后15～20天出苗，出苗后要及时破膜引苗，防止晴天膜温过高烧苗，苗引出后用细土把膜孔堵住。如遇寒流，寒流过后再破膜引苗。

调控温度：“双膜一苫”技术主要以增温、保温为主。晴天要揭开草苫，引入光照，傍晚覆盖草苫。当棚内温度超过18℃时要及时通风，当下午至傍晚时棚内降至15℃以下，要关闭通风口，夜间棚内温度要控制在12～14℃。当温度逐渐回升时，白天要把拱棚背风一侧膜向上卷，实现大通风降温，如果最低气温稳定在8～10℃时，夜间即可不盖草苫。在块茎形成期至膨大期，地温应控制在21℃以下，以利于薯块形成、膨大以及干物质积累。此时夜间如温度稳定在10℃以上，夜间可不关通风口。3月底后温度回升快，更是要注意通风降温，直至最后1次寒流过后大约4月中旬方可撤棚。

此外，要施足底肥，适时追肥，及时中耕除草和防治病虫害。

三、三膜覆盖技术

三膜覆盖技术指在钢架（或竹木）大棚内加小拱棚再加地膜覆盖，形成三层膜覆盖的栽培技术（图4-12）。当阳光照射到棚表面时，80%～90%的光照辐射可透过薄膜进入棚内转变为热能，使棚内空气和土壤增温。

图4-12　三膜覆盖技术
（图中小拱棚膜已撤去）

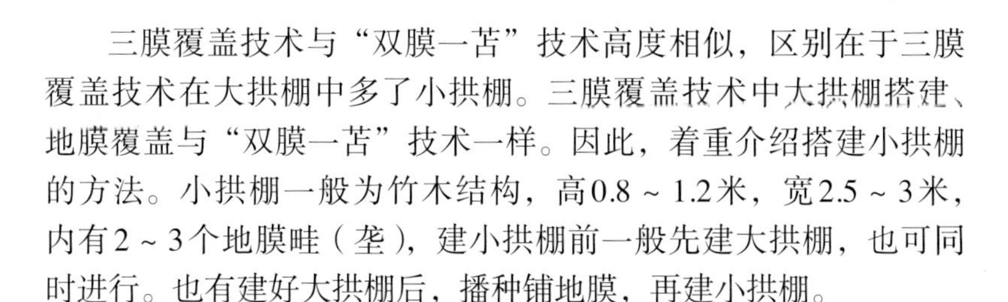

三膜覆盖技术与“双膜一苫”技术高度相似，区别在于三膜覆盖技术在大拱棚中多了小拱棚。三膜覆盖技术中大拱棚搭建、地膜覆盖与“双膜一苫”技术一样。因此，着重介绍搭建小拱棚的方法。小拱棚一般为竹木结构，高0.8 ~ 1.2米，宽2.5 ~ 3米，内有2 ~ 3个地膜畦（垄），建小拱棚前一般先建大拱棚，也可同时进行。也有建好大拱棚后，播种铺地膜，再建小拱棚。

3月上旬过后，气温回升，为了防止高温烧苗影响块茎生长，先撤去小拱棚，此时变成双膜覆盖，直至最后1次寒流过后大约4月中旬后撤去大拱棚。

四、马铃薯保护种植技术要点

1. 种植地选择 要选择土壤肥沃、地势平坦、排灌便利、土层深厚、土质疏松的沙壤土或壤土。同时马铃薯不耐连作，前茬作物应以禾谷类、豆类以及非茄科类蔬菜为宜，不宜与茄子、烟草、辣椒等茄科作物连作。

2. 种薯选择 宜选择生育期和休眠期都短的品种，种薯为脱毒种薯，一般性状表现为株形直立、株高50厘米左右、分枝少、叶片大、匍匐茎短、薯块品质好及抗病性强的品种。

3. 种薯处理 种薯切块播种时，每个切块至少有1个芽眼，利于保持顶端优势，当切到带病薯块后，应立即剔除，切刀按要求进行消毒。切好的种薯块茎要进行种薯处理，一是药剂拌种处理，二是要进行催芽处理，方法详见第四章第一节。

4. 施肥 以基肥为主，一般腐熟有机肥2 500 ~ 3 000千克/亩，磷酸二铵20 ~ 25千克/亩或（尿素20千克/亩+过磷酸钙50千克/亩）、硫酸钾40千克/亩。在施肥过程中结合地下害虫和土壤灭菌防治一起进行。施肥后翻耕土壤并用细耙整平。

5. 播种 由于设施保温能力的差异，播种时期不一，保温能力好的可以早播种，保温能力差的晚播种。一般在10厘米土壤层地温达到8℃以上即可开始播种，在播种方式上采取单垄双行播种。播种后及时覆土，以提高地温和保持土壤水分。

6. 田间管理 马铃薯生长期间加强田间管理。马铃薯播种后土壤含水量不够时及时小水沟浇，当幼苗出土时，及时破膜引苗。在苗出土10天左右，视苗出土情况进行一次追肥，施用尿素0.5～1千克/亩、磷酸二氢钾7千克/亩，如苗长势壮则不追肥。块茎形成期开始时，通过膜下沟暗灌浇水1次，块茎膨大期开始后再浇水1次，浇足水，同时全生育期内注意及时除草。

病虫害防治是田间管理的一项重要工作，由于设施栽培温、湿度适宜，极易引起以晚疫病、早疫病为主的病虫害发生流行，因此，要采取"预防为主、综合防治"的策略，特别是晚疫病，如发现中心病株，应立即施药防治，并视病情发生情况即时开展药剂补施工作。

7. 收获 马铃薯收获应考虑不同品种地上部分生长情况及市场行情。一般地上部分停止生长、大部分茎叶枯黄时，地下块茎易与匍匐茎分离，此时干物质积累达到最大值，表皮趋硬，此时即可开展收获工作。如果种植的为种薯，则应提前5～7天收获，以减轻生长后期高温不利影响，提升种性。收获后块茎一般要分大、中、小薯分级包装。

第四节 马铃薯机械化种植技术

马铃薯机械化栽培是一种高投入、高产出、高效益的栽培模式。在马铃薯栽培过程的各个环节，严格按照马铃薯生理需求、生长规律以及田间管理需要，充分利用机械化手段替代人畜劳作，机械化、科学化进行整地、播种、施肥、病虫害防治、收获等，使得机械与农艺完美结合，不仅具有省工、省时的特点，且土壤耕作深浅一致、排种均匀、施肥合理，植株通风透光、苗齐苗壮等，是减轻农民劳动强度、提高生产效率、减少损失、增加产量的主要技术保障，也是马铃薯产业发展的必由之路。

种植马铃薯的机械主要包括了播种机、中耕培土机、杀秧机、收获机、喷雾机等。

一、技术要点

1. 对土地的要求 选择土层深厚、土壤质地疏松、排水良好、3年以上轮作的沙壤土，土壤pH4.8 ~ 7.0。大型机械作业时，要求种植地块应大于35公顷，地面平坦或平缓，坡度小于10度，适合机械化作业。

2. 机械整地 北方一季作区和中原二季作区提倡前茬秋收后、土壤冻结前进行整地，西南混作区则可在播种前进行旋耕作业。适当深翻土壤后，均匀撒施基肥，使用圆盘耙和旋耕机作业，达到土地平整、疏松。

3. 种薯选用及处理 使用早代脱毒种薯，种薯的技术要求与常规种植基本一致，芽块大小一致，并按照要求进行种薯处理。在播种时，机械播种速度快，种薯用量大，应提前计算并准备好种薯用量。

4. 机械播种 机械播种时一次作业能完成开沟、播种、喷药、覆土等多道程序（图4-13），播种前要对机械进行调试，一是确认播种机行距和播种深度，根据种植要求，确认好每个开沟器之间距离并予以固定，设定好播种深度；二是调整好播种密度和覆土器，种植主要通过调整株距完成，调整好应进行测试，测试准确后进行正式播种，播种后覆土一般

图4-13　机械化播种

要求芽块上部至垄面厚土为15厘米左右，覆土器要调整到相应位置，同时覆土器中线与开沟器中线保持在一条线上，以保证芽块正好在垄上指点位置。

在机械播种时，一般情况下早熟品种播种密度为5 000株/亩、中熟品种为4 000～4 500株/亩、晚熟品种为3 500～4 000株/亩，播种行距为90厘米，株距则根据当地土壤肥力、品种生育期、种植用途及当地气候条件决定。

在播种时应安排专人跟踪检查，一是检查播种行间距、深度等情况是否与设计目标一致，二是检查是否有空播、漏播等现象，如发现播种有偏差应即时停车进行调整，如有空播、漏播等现象，及时补种，以提高作业质量。

5. 机械中耕 中耕可松土保墒、提高地温及清除杂草。机械中耕一般是拖拉机牵引进行，第1次中耕在出苗率达20%～30%进行，培土3～5厘米，当薯苗高10～15厘米时进行第2次中耕，可结合追肥同步进行，培土5厘米，土必须培到薯苗基部。

6. 机械灌溉 一般使用圆形自走指针式喷灌机，水量可调节，喷洒均匀，能使大面积土壤迅速湿润，喷灌可结合叶面追肥同步进行。

7. 机械病虫害防治 播种机一般携带喷药设备，可结合播种沟施农药，此时防治对象主要为地下害虫和土壤携带的病原菌。在马铃薯生长期中视病虫害发生情况，及时开展以晚疫病为主的病虫害防治工作，主要通过喷雾机进行。

在喷施前，要进行准备工作，一是对喷雾机压力、喷头状况的检查，在喷雾时保证压力稳定，同时保证喷头未堵塞，雾化效果满足防治需要，喷雾呈平扇形，交叉部位要错开；二是测准药液喷量，根据喷雾机压力、行走速度等因素用清水进行测定；三是精准配好药液，根据每公顷（或每亩）喷施的药液量及药罐的容积，计算每罐药液可喷施的面积，再根据农药习性计算出每罐应放入多少农药，加入农药时一般采2次稀释法进行，即先用小容器稀释成母液后，再倒入大罐中配制药液；四是喷药周到，喷药前要计算好喷雾机行进间隔距离，喷药时要做到不漏喷，保证无隙覆盖。

8. 机械杀秧 机械化收获对马铃薯的成熟度要求高，收获时的块茎薯皮木栓化，以减少机械损伤，同时减少植株上新感染的病毒导入薯块，便于收获，在收获前用杀秧机将薯秧打碎。杀秧时间需要考虑种植马铃薯用途、市场或顾客要求等因素，块茎成熟的需要提前7天左右进行杀秧，块茎未完全成熟的需要提前10～15天杀秧，菜用薯和加工原料薯，收获前1天或随收随杀均可。薯秧打碎后，促进块茎表皮木栓化，同时停止营养生长。杀秧时，通过调整杀秧机的撑轮和牵引杠的中央悬臂，使锤刀（风刀）底刃距垄面10厘米以下，如太高则留茬长，不便收获，太低容易使薯块打伤。

9. 机械收获 马铃薯机械化种植最后一个环节是机械收获。目前使用的大多数收获机都属于挖掘机类型，只能把薯块翻出经薯土分离后分布在地面上，再由人工捡拾。人工捡拾时，一是要按大、中、小薯分级装袋；二是要剔除病、烂、青、伤薯块，工效慢，因此捡拾的速度决定每天收获的面积。一般情况下一台双行挖掘机需要配60～80人从事捡拾工作。收获前要调整好收获机的挖掘深度，过深造成薯土分离不好，过浅易伤薯块。收获后马铃薯及时运送至贮藏窖中贮藏。

二、存在的主要问题

1. 机械化播种存在的问题 主要表现为一是部分播种机性能不稳定，播种密度不均匀，质量差；二是机械覆膜时需人工间隔压土，防止膜被风刮跑，且地膜易损；三是现有播种机不适应培芽点播的需要。

2. 机械化收获存在的问题 主要表现为一是输送部件振动器调节方式复杂，质量差；二是块茎伤薯率高，尤其是蹭皮现象较为严重；三是现有马铃薯收获机整机笨重，操作不灵便，不适合小地块作业；四是挖掘部件没有角度调整机构，挖掘深度不能调整，地区适应性较差；五是分段收获马铃薯时，后输出时，块茎下落高度大，易伤薯。

3. 产品质量与售后服务 主要表现为一是有些机械轴承、链条等标准件质量差，一些主要工作部件易损坏；二是机器进行持续作业时，可靠性差；三是配件价格高，尤其是进口配件。

三、对策与建议

1. 加快技术创新 在研发过程中不仅要考虑马铃薯生物学特性及生长特点，还要针对我国各种植区域的实际情况，如北方一作区地势平缓，适宜大型机械作业，而西南混作区以山地、坡地为主，适宜小型机械作业等。各地农机部门应增加对农业机械研发的投入，推动技术创新速度，完善农业机械的性能，提高可靠性。

2. 加强政策引导 各马铃薯主要种植区域的相关政府部门应高度重视马铃薯机械化生产工作，在资金和政策上加大扶持力度，完善多渠道、多层次的农机投资体制，实现政府资金导向、集体资金扶持、银行贷款、农机户投资为主的多元投资形式，同时积极探索股份制经营方式，鼓励和扶持农机大户发展马铃薯生产机械化。对自购农业机械的农户，应提高政策上的优惠服务。

3. 开展示范推广工作 因地制宜，选择适宜本区域种植的推广机型和适宜的示范地区，全面展示马铃薯机械化种植技术，包括从马铃薯播种、中耕培土、病虫害防治、收获等各个环节，将机械和农艺最大化结合，展示马铃薯机械化种植技术。

4. 推动马铃薯机械种植专业化和社会化服务 借鉴小麦、水稻跨区机收的成功经验，积极拓展马铃薯机械跨区作业服务领域，实现流动作业，有效延长作业时间，提高机械的利用率，促进马铃薯生产机械化发展。

第五节　马铃薯贮藏技术

一、马铃薯贮藏的现状

1. 北方一作区及中原二作区贮藏现状　在北方一作区及中原二作区马铃薯种植区域，冬季时间长，气候相对干燥，马铃薯贮藏主要以窖藏为主，主要包括井窖、窑窖、棚窖等方式，虽然设施简易，没有强制调节温、湿度的设施，但是农民通过自身掌握的马铃薯贮藏特性和经验，使得窖温基本能保持2～4℃和相对湿度85%～95%，从9月入窖到翌年4月出窖，能保持大部分块茎新鲜不出芽，据调查，有60%以上的农户损耗在10%以下。

2. 南方作区及西南混作区贮藏现状　在南方作区及西南混作区，常年年均气温较高，雨量充沛，地下水位普遍高，空气湿度大，传统的贮藏方式为简易堆放贮藏（图4-14），贮藏设施多为土窑或简易仓库，没有强制调节温、湿度的设施，贮藏方式粗放，管理措施更是缺失，虽然当地气温等自然条件能够以最低的消耗将马铃薯安全贮藏一段时间，满足基本的消费和生产需求，但还是对贮藏效果影响甚大。据调查，由于贮藏不当，每年损失的马铃薯块茎达20%～25%，个别地方甚至高达30%以上。

图4-14　贮　藏

对种薯而言，贮藏不当，块茎由于蒸发、呼吸、发芽及贮藏期病虫害的发生等因素造成营养成分大量流失，对下季马铃薯产量及质量造成极大影响。对再加工用途的薯块而言，贮藏不当，贮藏期内淀粉与糖相互转化，如温度过低，淀粉水解酶活性增加，薯块内单糖积累，导致薯块食用价值降低；如温度过高，则淀粉加速合成，易造成薯肉变黑，将大大降低薯块作为原料的利用率。

近年来，随着社会经济的快速发展，部分马铃薯主产区也建起了大型、强制通风、人工控温控湿或自动控温湿的现代化、半现代化保鲜薯窖和恒温薯窖，使得马铃薯贮藏技术水平及贮藏效果得到大幅度提高，但是仍存在许多不科学贮藏的行为，如入窖前的块茎处理、入窖方法不当等。

3. 马铃薯贮藏的问题

（1）入库方式粗放，入库薯块质量差异大。在入窖贮藏时，很多农户图省事，不愿多用工，把不经晾晒、挑选的，泥土与块茎混合的，受淋雨潮湿的，冻、病、伤、烂的薯块一起入库，并常采用倾倒的方式，加之堆放时人在薯堆上乱踏乱踩，加重薯块损伤，严重影响了马铃薯入库的质量。薯块携带的泥土过多，不仅造成薯堆通气不畅、湿度增大、温度易升高外，还能携带多种病原菌，成为马铃薯贮藏期病害的病原，破损薯的伤口极易被感染发病；病、烂薯的薯块入窖，直接把大量病原菌接种在薯堆中，成为窖内发病源；湿度高不仅促使块茎早发芽，还能满足病原菌繁殖侵染的条件，促进腐生菌及其他真菌病的发生蔓延，使得薯块损失增大，严重影响窖藏的质量。

（2）入库品种杂，不同用途品种混放。大多数农户只有一个贮藏设施，入库时不区分品种、用途，将食用薯、商品薯、种薯、加工薯等多种用途的薯块集中堆放在一起，不仅造成品种混杂、病害相互传播，影响品种特性，同时也对食用的品质、加工价值有影响，进而直接影响薯块的经济价值。因此，在贮藏过程中，只有满足不同用途块茎对贮藏条件的不同要求，才能进一步达到贮藏的预期目的。

（3）贮藏条件不完善，影响贮藏效果。有些农户选用的贮藏室地址不当，有的贮藏室地下水位偏高，导致贮藏室地面潮湿，室内湿度过大；或贮藏室背阴，易出现冻窖；有的贮藏室没有通风设施，无法调节窖内温、湿度，不能及时换入新鲜空气等，降低窖藏薯块的品质。

（4）贮藏管理不当，降低薯块的品质。贮藏管理不当主要表为两种模式：一是入库即不管的自然模式，许多农户在入库后，在贮藏期间不检查，不调整温、湿度，极少通风换气，以至在春季块茎出库时，出现冻窖、烂窖、伤热、发芽及薯块黑心等现象，造成重大经济损失；二是只保温防冻的模式，入库后，只注意保温防冻工作，不注意通风换气，使贮藏室内因薯块自然呼吸作用产生的二氧化碳大量积累，使得种薯自然呼吸受到阻碍，影响播种后的出苗率，也易造成人入窖窒息的事故发生。

二、马铃薯贮藏的技术要点

1. 加强田间管理，适时收获　块茎的耐贮能力与田间种植管理水平密不可分。

（1）做好田间病害防治工作。入库块茎携带的病原菌是马铃薯贮藏期间最大隐患，做好田间病害的防治工作能够大幅度降低贮藏期间病害的发生，是减少块茎病斑和烂薯的最有效办法。在田间病害发生初期，通过及时有效的田间防治工作，可以大大降低田间病害的感染率，同时入窖时通过挑除病、烂薯，从而保证入窖块茎的质量。

（2）合理施肥。近年来，许多农户为了追求高产，在施肥中多施氮肥，且用量越来越大，不仅使茎叶徒长，而且在块茎膨大时，致使干物质积累减少，水分含量增大，块茎皮嫩肉嫩，不耐贮藏。因此，在种植时，应合理施肥，提倡测土配方施肥技术和使用马铃薯专用肥，使茎叶生长与块茎生长相协调，增加干物质积累，增强块茎的耐贮藏力。

（3）提前杀秧。马铃薯块茎表皮的老化程度也是决定块茎是否耐贮藏的重要指标。表皮嫩，易破损，病菌易感染，在温、湿度条件适宜的条件下会迅速引起腐烂，并蔓延扩散。在收获前提前10～15天进行杀秧，促使块茎薯皮木栓化，以减少机械损伤，同时减少植株上新感染的病毒导入薯块，便于收获和贮藏。杀秧有机械杀秧、人工杀秧以及使用灭生性除草剂杀秧。

2. 薯窖清理和消毒 薯窖清理和消毒是保证薯块正常贮藏的一项重要措施。在入窖前，把薯窖地表土及残存的杂物清理出窖外，不留死角。薯窖底层垫枕木，上铺木板或木条，以便通风散热，同时对地面、墙壁等全方位进行消毒，可选用75%百菌清可湿性粉剂500倍液喷雾消毒，也可选用百菌清烟剂熏蒸进行消毒，施药后密闭36小时以上，然后通风。另对使用过的工具，如筐、篓、上垛机、运输工具等进行清理和消毒，最大限度清除附着的病原菌。

3. 精心挑选，确保入库块茎质量 块茎入库基本要求为：薯块完整、薯皮干燥，无病薯、烂薯及其他杂质等。薯块损伤则有利于病原菌侵入；薯皮潮湿不仅有利于病原菌繁殖、传播，而且极利于块茎早期发芽；病薯和烂薯携带的病原菌入窖后会引起窖藏病害的发生蔓延；薯块携带的泥土过多，不仅造成薯堆通气不畅、湿度增大、温度易升高外，还能携带多种病原菌，成为马铃薯贮藏期时病害的病原。因此，入库前对马铃薯块茎的认真清理是保证贮藏效果的关键步骤。

4. 区别用途，分类贮藏 在贮藏过程中，按用途进行相应的管理，以满足不同用途块茎对贮藏条件的不同要求，特别是以种用为目的尤其要分类贮藏，以保证种薯的品质和纯度。

（1）*种薯贮藏*。种薯贮藏须“一窖一品”，即一个薯窖只放一个品种，同时控制窖内温、湿度，保证不受冻害，不会提前发芽，并维持正常的新陈代谢。温度超过5℃，湿度超过95%时，易出现伤热和发芽等问题，影响种薯质量。温度过低也降低块茎的芽萌发生长能力。最适宜的温度应保持在3～4℃，湿度为80%～93%。

（2）*食用薯、商品薯贮藏*。相比种薯，食用薯、商品薯贮藏条件宽松，只要做到不冻、不烂、不黑心、保持新鲜即可。

（3）*加工薯贮藏*。用于加工制成薯条、薯片的加工薯，要求有一定薯形，干物质含量高，还原糖含量低等，因此，贮藏较为严格，一般要求窖内温度不低7℃，湿度85%～90%。

5. 加强贮藏管理，满足贮藏条件

（1）控制贮藏室内温、湿度。温、湿度条件对马铃薯贮藏极为重要。首先温度对马铃薯的休眠长短以及芽的生长速度有直接的影响。贮藏室内温度越高，休眠后的块茎发芽及芽生长就越快，一般情况下，安全贮藏的温度在1～4℃（加工薯除外），低于0℃易发生冻害，高于5℃利于病菌活动和繁殖，引起伤热、腐烂。加工薯要求的贮藏温度较高，一般为7～10℃。

马铃薯贮藏期间窖内相对湿度应保持在80%～93%。湿度过大，可使块茎过早萌发，也可诱导病菌大量繁殖，造成烂薯，如湿度过低，则块茎失水皱缩，从而影响品质。

（2）加强贮藏期间病害防治。受部分薯块携带病原菌及其他因素影响，贮藏期间易发生干腐病、环腐病、软腐病等病害。这些病害在5～25℃均可发病，在此期间病害的防治是困难的，主要通过及时剔除发病薯块和烂薯，采用药剂熏蒸的方法防治，可选用高锰酸钾进行熏蒸杀菌，可防止病害的蔓延。

三、抑芽剂在马铃薯贮藏中的应用

在马铃薯贮藏期间，块茎不断进行生理、生化变化，在自然通过休眠以后，遇到适宜的环境条件便开始发芽，一般温度条件在5℃以上，而加工薯贮藏温度需要7～10℃，更有利于度过休眠期发芽。块茎发芽要消耗大量养分，发芽的块茎不但干物质减少，而且变的皱缩，品质变劣，不能再用作加工原料。为了解决高温贮藏和块茎发芽之间的矛盾，要使用抑芽剂抑制块茎发芽。近年来马铃薯抑芽剂引入我国，在国内推广并取得了较好的效果。目前生产应用的抑芽剂主要由美国奥托凯姆•戴科公司生产，主要成分为氯苯胺灵，分为粉剂和气雾剂两种类型。

1. 粉剂

（1）性状。有效成分含量为0.7%或2.5%，淡黄色，无味。

（2）使用方法。

施药时间：应在块茎解除休眠之前，同时也要考虑贮藏室温度，如温度在10℃左右，可在块茎入室后15～20天，伤口愈合后，至萌芽前施用；如温度在2～3℃时，温度就可以强制块茎休眠，直至窖温上升6℃后，块茎出芽前施用。

施药剂量：如选用0.7%的药剂，药剂与块茎的比例为1.4～1.5 ：1 000，即1.4～1.5千克药剂处理1 000千克马铃薯块茎。如选用2.5%的药剂，药剂与块茎的比例为0.4～0.8 ：1 000，即0.4～0.8千克药剂处理1 000千克马铃薯块茎。

施药方法：根据块茎的数量采取相应的办法。块茎在100千克以下时，堆于地上时，可把药剂直接均匀撒于块茎表面。如需处理的块茎量大时，可以分层撒施，也可通过通风管道口，将药剂随风吹进薯堆中，同时再在薯堆表面撒施一层，撒施药剂后，须密闭24～48小时，量少可用塑料薄膜覆盖，以保证抑芽效果。

2. 气雾剂

（1）性状。半透明、稍黏性状的液体，以轻微加热后即挥发成气雾，有效成分含量为49.65%。

（2）使用方法。气雾剂适用于贮藏10吨以上的并拥有通风道的贮藏窖。使用剂量按有效成分计算，处理1 000千克块茎，用药液60毫升。

用1台热力气雾发生器，将计算好数量的药液装入气雾发生器中，开动机器加热，产生药雾，随通风管道进入薯堆，施药结束后，关闭贮藏窖的库门和通风口，密闭24～48小时。

3. 注意事项　抑芽剂有阻碍块茎损伤组织愈合及表皮木栓化的作用，因此，在块茎收获后，须经过15～20天，使得损伤组织自然愈合才能施用。

第五章 马铃薯常见病虫害及绿色防控技术

第一节 马铃薯病害

一、真菌性病害

（一）马铃薯晚疫病

马铃薯晚疫病是一种世界性的毁灭性病害，发生已有100多年，由欧洲传入我国，凡是种植马铃薯的地区都有这种病害的发生，其损失程度因品种的抗性和当年的气候条件而有所不同。在我国西南地区发生较为严重，东北、华北、西北多雨潮湿的年份为害较重。在条件适宜时，病害蔓延很快，可造成植株大面积提早死亡，一般流行年份，产量损失8%～30%，大流行年份产量损失可达50%以上，甚至绝收（图5-1）。

症状：马铃薯晚疫病可发生在马铃薯叶、茎和薯块上。叶片发病时，大多数先从叶尖和叶缘开始，叶尖或叶缘先产生绿褐色的水渍状斑点，斑点的周围常有一圈浅绿色的晕圈（图5-2），在潮湿的情况下，病斑迅速扩大变为褐色，晕圈边缘生出一圈白色霉状物，尤其在叶背面特别显著，以后逐渐扩大，近圆形，暗褐色，边缘不明显（图5-3和图5-4）。在空气湿度大时，病斑迅速扩大，可扩大至全叶。病斑边缘有一圈白色霉层，雨后或有露水的早晨在叶背病斑边缘最明显。严重时叶片萎垂，发黑，可造成全株枯死（图5-5和图5-6）。茎部受害，出现长短不一的褐色条斑，天气潮湿时，表面也会长出白霉，但较为稀疏（图5-7）。带病种薯长出的病苗，茎部条斑与地下块茎相连，称为中心病株。薯块受害，初为小的褐色或稍带紫色的病斑，以后稍凹陷，病斑可扩大。切开病部，可见皮下薯肉呈褐色，且向四周及内部发展（图5-8），病薯在高温下培养2～3天后，也可长出白色霉状物。薯块可在田间发病并烂在田里，也可在贮藏期发病引起烂薯。

图5-1　绝收田块的块茎很小

图5-2　叶片发病初期症状

图5-3　流行期叶片发病症状1

图5-4　流行期叶片发病症状2

图5-5 全田发生症状

图5-6 重发生田间症状

图5-7 茎部染病症状

图5-8 薯块染病症状

病原：病原为致病疫霉菌［*Phytophthora infestans*（Mont.）de Barg］，属藻物界卵菌门疫霉属，菌丝无色，无隔膜，在寄主细胞间隙生长，以纽扣状吸胞伸入寄主细胞中吸取养分，生长到一定程度时产生孢囊梗，从气孔伸出，无色，有1～4个分枝，在每个分枝的膨大处产生孢子囊（图5-9）。孢子囊柠檬形（图5-10），大小为（21～38）微米×（12～23）微米，一端有乳突，另端有小柄，易脱落，在水中释放出5～9个具有2根鞭毛的肾形游动孢子，失去鞭毛后，形成球形休止孢子，萌发出芽管，再长出穿透钉侵入到寄主内。菌丝生长的最适温度为20～23℃，孢子囊形成的最适温度为19～22℃。在低温10～13℃下形成游动孢子，在温度超过24℃时孢子囊多直接萌发成芽管。孢子囊形成要有97%的相对湿度。萌发与侵染都要有水滴。所以晚疫病多在阴雨潮湿、气温偏低的地区与年份发生。一般认为致病疫霉为异宗配合，只有A1和A2两种交配型同时存在时才可发生有性生殖而形成卵孢子，卵孢子萌发时产生芽管，在芽管的顶端产生子孢子囊。此外，晚疫病菌还能在菌丝内部形成休眠的褐色厚垣孢子。

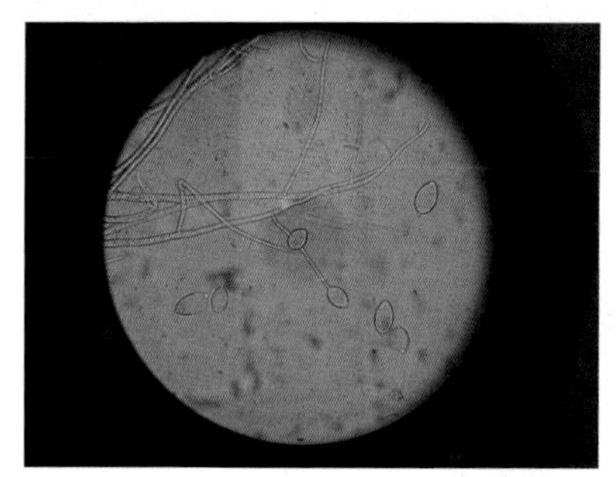

图5-9　孢子囊与孢囊梗

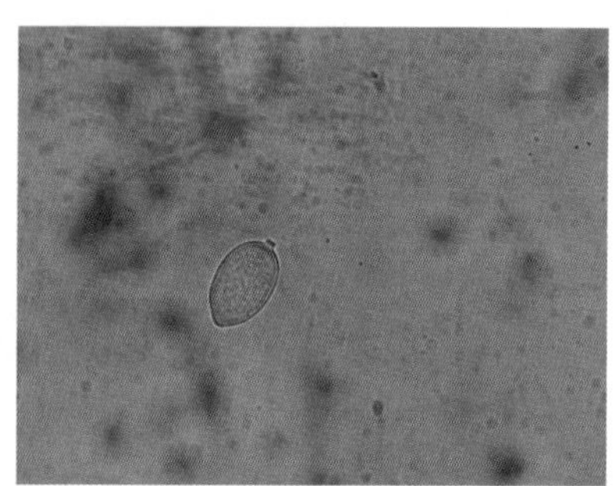

图5-10　孢子囊

在自然条件下，晚疫病病原菌在世界上大多数地区一般都不产生有性世代。只在原产地墨西哥一带，病叶中经常产生大量卵孢子。近年来的研究表明，由于晚疫病病原菌的A2交配型在20世纪70年代以后向欧亚大陆的迁移和生理小种的频繁演变，马铃薯晚疫病对我国的马铃薯生产形成了新威胁。

晚疫病病原菌的孢子囊和游动孢子需要在水中才萌发。孢子囊产生游动孢子的最适温度10～13℃，孢子囊直接萌发为芽管的温度范围较广，为4～30℃，多在15℃以上形成。菌丝在13～30℃的温度范围能生长，最适温度为20～23℃。孢子囊形成的温度为7～25℃。当相对湿度达到85%以上时，病原菌从气孔向外伸出孢囊梗。湿度达95%～97%时孢子囊才能大量形成。孢子囊在低湿、高温的条件下很快失去了活力，游动孢子寿命更短，在土壤的孢子囊，在夏季条件下可维持生活力达2个月。晚疫病病原菌是一种寄生性很强的真菌，一般只有在活的植株或块茎中才能生存。在自然界栽培的植物中，只能侵染马铃薯和番茄，寄主范围比较窄。晚疫病病原菌有明显的生理分化现象，分为很多生理小种。不同的生理小种对同一品种马铃薯的致病力具有明显的差异。

侵染循环：我国主要马铃薯产区以带菌种薯为主要初侵染源。带菌种薯不仅本身可以长出带病的芽苗，且病薯上的病菌在土壤内可通过短距离（21厘米以内）侵染健薯使其芽苗感病，也可随着土壤溶液的移动上升侵染接触地面的植株叶片。带病种薯萌发时，病斑上的病菌即向幼芽上蔓延，通过皮层向上发展为条斑，有的病薯或病苗的地下部分产生的孢子囊，可经雨水传到附近幼苗的地下茎或植株下部叶片上。病薯上的病菌也可通过葡匐茎蔓延至另一薯块。

土壤内的病菌可通过起垄、耕地等农事操作传至地表，被风、雨传播至附近植株下部叶片上而侵染底叶，成为中心病株，以后中心病株产生的孢子囊释放游动孢子进行再侵染，形成明显的发病中心，经过多次再侵染，病害迅速扩展。在双季作区，前一季遗留在土中的病残组织和染病的自生苗也可成为当年一季的初侵染源，番茄也可能是初侵染源。播种前淘汰的病薯任意放置在室外，也可产生孢子囊，引起田间发病。孢子囊侵染叶片多从气孔侵入，落到地面，可随雨水和灌溉水进入土中，萌发后从伤口、皮孔或芽眼侵入危害块茎。病菌在块茎中越冬。病害的潜育期受品种的抗病性、病菌的毒力和环境的影响，在叶片上一般为3～7天，在块茎上约30天。

发病规律：马铃薯晚疫病是一种典型的流行性病害，气候条件与发病和流行有极为密切的关系。当条件适宜，病害可迅速暴发，从开始发病到全田枯死，最快不到半个月。晚疫病要求高湿凉爽的气候条件，病菌孢囊梗的形成，要求空气相对湿度不低于85%，孢子囊的形成要求相对湿度在90%以上，以饱和湿度为最适宜。因此，孢子囊常大量形成于晚间。孢子囊落在叶片上后，叶片上必须有水膜或水滴才能萌发侵入。孢子囊萌发的方式和速度又与温度有关。温度在10～13℃时，孢子囊萌发产生游动孢子，3～5小时即可侵入；温度高于15℃时则直接萌发产生芽管，但速度较慢，需5～10小时才能侵入。病菌侵入寄主体内后，温度在20～23℃时菌丝在寄主体内蔓延最快，潜育期最短；温度低，菌丝生长发育速度减慢，同时减少孢子囊的产生量。所以，白天温度不超过24℃，夜间温度不低于10℃，天气阴雨连绵或多雾、多露，相对湿度高，有利于马铃薯晚疫病的发生和流行。反之，如雨水少、温度高，则病害发生轻。我国大部分马铃薯栽培区生长的温度均适宜该病害的发生，所以病害的发生轻重主要取决于湿度。马铃薯品种对晚疫病的抗病性有很大差异，种植感病品种，马铃薯晚疫病经常流行。寄主的小种专化性和生育期的关系是相对稳定的，无论在芽期、幼苗期、花前和花后，对能侵染该品种的小种各生育期都感病，对不能侵染的小种各生育期都抗病。这种特性对于选育抗病品种是有利的，苗期鉴定结果可反映成株期的抗性。品种抗性的强弱或某些抗病品种的抗性退化与病菌生理小种组成的变化有关。地势低洼、排水不良或偏施氮肥造成植株徒长的田块，马铃薯晚疫病易发生和流行。

防治方法：

（1）农业防治。

① 选育和推广抗病品种。种植抗病品种是防控马铃薯晚疫病最经济、有效的办法。例如，青薯9号、克新、陇薯等。但选育和推广抗病品种也有弊端，主要表现为：一是马铃薯晚疫病生理小种不断变异，使得一些显性基因控制的抗性品种逐步失去抗性优势；二是目前选育推广的抗性品种基本上均为中晚熟品种，而早熟品种基本无抗性；三是目前市场受欢迎的经济价值相对较好的均为早熟品种，例如，在欧洲大面积种植的宾杰，非常受市场欢迎，而该品种属典型高感品种。

② 适时早播。种植早熟品种时，在做好防霜冻或者无霜冻威胁的情况下，提早播种，使地下块茎膨大期避开雨季，减少产量的损失，该方法能够有效地减轻马铃薯晚疫病的危害。

③ 加强田间管理。一是选择通透气较好的沙性土壤种植，避免在低洼地或黏性重的地块种植；二是做好田间排水工作，在雨

季时降低田间湿度；三是薯块进入膨大期后培高土壤，既可以减少薯块染病率，又可以促进多层结薯；四是在重发生区域实行提前灭秧，既在在收获前7～10天铲除地上植株部分，并运出田外妥善处理，地表经晾晒后再进行收获，减少薯块染病。

④ 清除病薯。马铃薯收获后，将薯块放在通风处晾干，以减少薯块表面病菌的侵入，入窖前，进行清选工作，清除病薯，尤其是种薯，在种薯切块过程中，用75%酒精或来3%来苏儿或0.5%高锰酸钾溶液不断浸泡切刀5～10分钟进行消毒，采用多把切刀轮换使用。无论脱毒薯的整薯播种还是切块播种，都要精选种薯，发现烂薯应立即扔掉，以切断马铃薯晚疫病传播来源。

⑤ 合理轮作。合理轮作可有效减轻马铃薯晚疫病的发生，据报道，甜菜、胡萝卜、洋葱的根系分泌物对马铃薯晚疫病可以起到一定的抑制作用。与禾本科、豆类等非茄科作物轮作，或者选择禾本科前茬作物的地块。

（2）化学防治。

① 拌种处理。在播种前，对种薯进行拌种（浸种）处理能够有效控制马铃薯晚疫病的发生。拌种方法有干拌和湿拌。干拌一般是任选一定量的所选药剂预先与适量滑石粉均匀混合，再与种薯混匀后即可播种；湿拌一般将所选药剂配成一定浓度的药液，均匀喷洒在切好的种薯上，拌匀并晾干后播种，推荐防治药剂见附录。

② 药剂喷防。有预测预报条件的地区，根据病害预警进行防控。没有预测预报条件的区域，加强田间监测工作，及时发现中心病株，中心病株出现时即开始喷施保护性杀菌剂进行预防，后随着实际发病情况或者通过监测预警信息选择内吸治疗性杀菌剂或相适应药剂，开展化学药剂喷施工作。在我国西南区域，4～6月为雨水集中期，种植的早熟高感品种田块，如费乌瑞它，全生育期需喷施药药剂5～8次，严重年份达10次以上，而抗性品种，如青薯9号，则需要3～5次。为减缓抗药性的产生，应注意轮换用药。晚疫病病菌对甲霜灵已产生抗性的地区，最好改用不含甲

霜灵有效成分的药剂防治。推荐防治药剂见附录。

（二）马铃薯早疫病

马铃薯早疫病是马铃薯叶片上的一种主要病害，也能为害叶柄、茎、和薯块，因其在叶片上发生时病斑呈轮纹状，也称马铃薯轮纹病。该病如在马铃薯生长早期发生，可以使马铃薯叶片干枯脱落，田间植株成片枯黄，块茎产量严重下降，该病如在马铃薯生长后期发生，对田间产量影响不大。

症状：叶片发病后，最初为褐色圆形的小斑点（图5-11），后逐渐扩大呈暗褐色至黑色的带有同心轮纹的病斑（图5-11至图5-14），病健交接部有狭窄的黄色晕圈，多从植株下部叶片发生，逐惭向上部蔓延。当湿度大时，病斑表面有黑色霉层。茎秆染病后出现黑褐色病斑，呈长线条状，稍凹陷，后期扩大成椭圆形病斑，严重时上部叶片枯黄脱落，至整株枯枯死（图5-15）。块茎染病后，表皮产生大小不一、微凹陷的病斑，呈黑色，病健部明显，皮下组织呈褐色干腐状（图5-16）。

病原：茄链格孢菌［*Alternaria soiani*（Elliset Martin）Sorauer］，属无性型真菌链格孢属（图5-17）。

侵染循环：病菌主要以菌丝体在病株残体或病薯中越冬。翌年病菌分生孢子随风雨扩散，病原菌落在植株叶片表面后，在适宜的

图5-11　叶片初期症状
（全国农业技术推广服务中心　提供）

图5-12　叶片症状1

图5-13 叶片症状2

图5-14 叶片症状3

图5-15 重发生植株症状
（全国农业技术推广服务中心 提供）

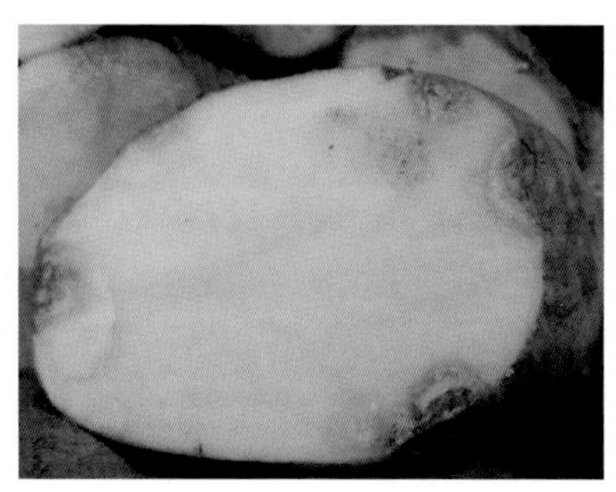

图5-16 块茎症状

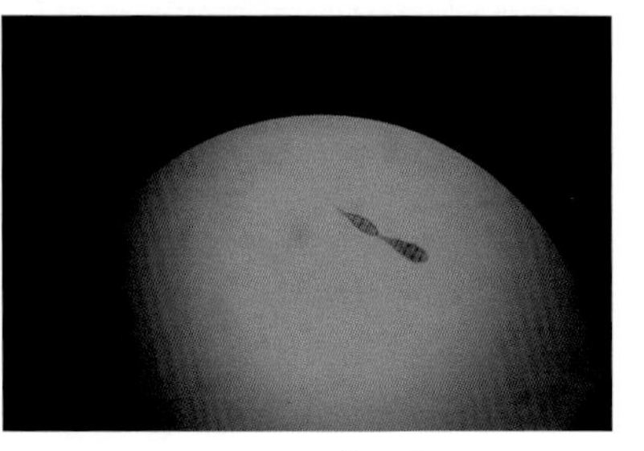

图5-17 病 原

温、湿度条件下，从气孔、伤口或从表皮直接侵入，2～3天即可形成病斑，一般在马铃薯下部叶片先发生，后蔓延至植株顶部。

发病规律：病原菌分生孢子最适宜侵染温度为12～16℃，发病最适温度为24～30℃，而相对湿度要在80%以上，早晨、傍晚或雨天有水滴形成时侵染率更高。马铃薯品种间抗病性差异大，总体来说，早熟品种容易感病，而晚熟品种相对抗病，同时不同生育期发病率不一样，苗期至初花前抗性较强，花期至生长末期抗性逐渐减弱。偏施氮肥、磷肥会导致发病加重。

防治方法：

（1）农业防治。

① 选育和推广抗病品种。选择具有水平抗性的品种和耐病品种，如东农303、晋薯7号、克新1号等。

② 强化栽培管理。一是采用丰产栽培措施，适当增施氮肥和钾肥，适时灌溉，培育健壮植株；二是合理轮作，且不与茄科作物轮作；三是做好田园清洁，及时摘除病叶，收获后清除田间病残体，减少病原基数。

（2）化学防治。

①药剂拌种。播种时，用72%农用硫酸链霉素可湿性粉剂+70%甲基硫菌灵可湿性粉剂+滑石粉进行拌种处理，可有效降低早疫病的发病率。具体配方：马铃薯种薯100千克+72%农用硫酸链霉素可湿性粉剂20克+70%甲基硫菌灵可湿性粉剂100克+滑石粉1.5千克。

②药剂喷防。田间马铃薯底部叶片开始出现早疫病病斑时开始施药，可选用的药剂有80%代森锌可湿性粉剂、250克/升嘧菌酯悬浮剂、70%丙森锌可湿性粉剂、500克/升氟啶胺悬浮剂、80%戊唑醇水分散粒剂、42%戊唑醇•百菌清悬浮剂、75%肟菌•戊唑醇水分散粒剂等广谱性杀菌剂进行防治3～5次，施药间隔期为5～7天。

（三）马铃薯叶枯病

马铃薯叶枯病是马铃薯生产的一种普通病害，在我国部分种植区域发生，对马铃薯产量影响有限。该病除为害马铃薯外，还能侵染为害其他作物。

症状：该病主要为害叶片，叶片受侵染后，形成绿褐色坏死斑点，后逐步发展为近圆形至V形大型坏死斑，病斑部分呈灰褐色至红褐色，具不明显的轮纹，外缘常褪绿黄化（图5-18和图5-19），后致叶片枯焦坏死，湿度大时可在病斑上产生少许暗褐色小点，即病原菌的分生孢子器。该病也可侵染为害茎蔓，形成不定形灰褐色坏死斑。

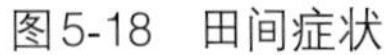
图5-18 田间症状

图5-19 叶片症状

病原： *Macrophomina phaseoli*（Maubl.）Ashby，属无性型广生亚大茎点菌。

发病规律： 病菌以菌核或菌丝在病残体或土壤中越冬。条件适宜时通过雨水把地面的病菌溅到叶片或茎蔓上引起发病，发病部位产生菌核或分生孢子器，借雨水或浇水扩散，进行再侵染。温暖高湿有利于发病，土壤贫瘠、管理粗放、密度过大及植株生长衰弱的地块发病较重。

防治方法： 选择土壤肥力较好的地块种植，合理控制种植密度，增施有机底肥，适当配施磷、钾肥，适时浇水和追肥，防止植株早衰。

（四）马铃薯干腐病

马铃薯干腐病是马铃薯贮藏期最主要的病害之一。

症状： 块茎被病原菌侵染后，表皮颜色变暗发黑（图5-20），切开块茎后内部组织呈环状皱缩，空心空腔（图5-21），腔壁上长满菌丝（图5-22），呈干腐状。在高温时，块茎表面长出白色或粉红色霉层，表皮凹陷、皱缩，后期呈皱果状。

病原：马铃薯干腐病的病原为镰孢属（*Fusarium*）真菌（图5-23），由多种镰孢菌侵染所致。

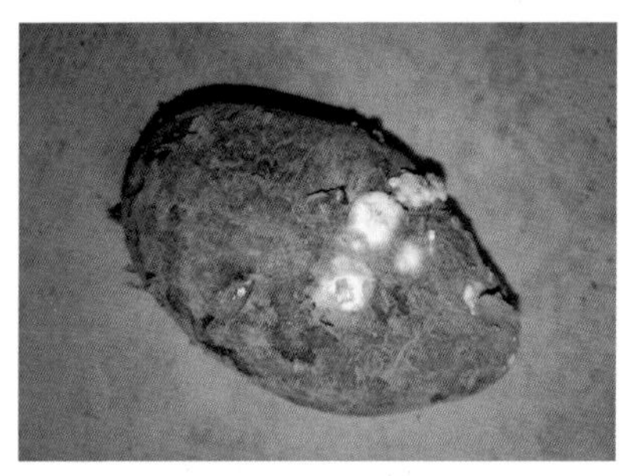

图5-20 块茎表皮发黑并长出白色霉层

图5-21 空 腔

图5-22 腔壁上长满菌丝

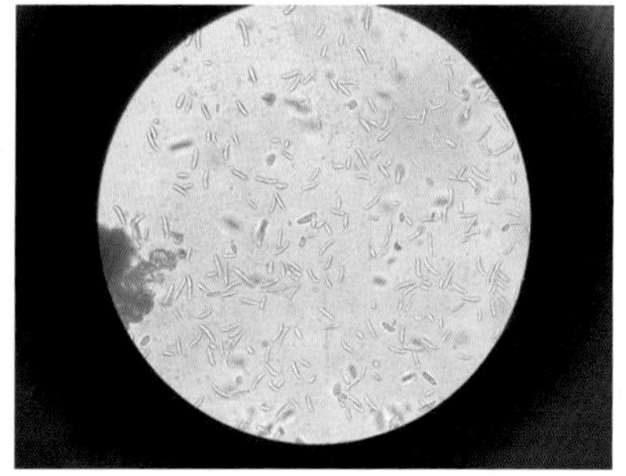

图5-23 镰孢菌

侵染循环：病菌能在土壤中存活多年，以菌丝体和孢子在病残体或者土壤中越冬，病菌以分生孢子通过块茎表皮伤口、芽眼、皮孔等侵入，侵入后要经过一段时间的贮藏块茎才开始表现症状。主要侵入期为块茎膨大期、收获期、运输贮藏及种薯切块过程中。在田间通过雨水传播引起再侵染。病菌在5～30℃条件下均能生长，贮藏条件差、通风不良利于发病。

防治方法：（1）农业防治。①在马铃薯生长后期注意田间排水，降低田间湿度。②收获时注意避免伤口，薯块充分晾干后再入窖。③贮藏窖中保持通风干燥，发现病烂薯及时清除。

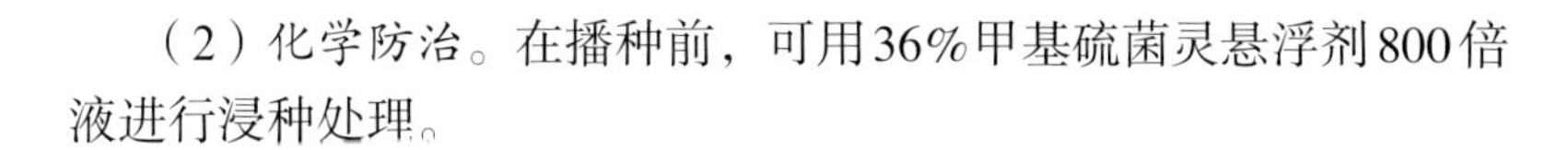

（2）化学防治。在播种前，可用36%甲基硫菌灵悬浮剂800倍液进行浸种处理。

（五）马铃薯黄萎病

马铃薯黄萎病是马铃薯生产上的一种重要病害，又称早死病或早熟病，国内各马铃薯主产区均有发生。

图5-24　植株发病症状
（克山县植检植保站　提供）

症状：整个生育期均可侵染，症状多在马铃薯生长中后期出现，植株染病后，在下部叶片近边缘的区域和叶脉间褪绿变黄，后变褐干枯，但不卷曲，直到全部叶片枯死，但不脱落（图5-24）。当叶片黄化后，剖开根茎，维管束变褐色（图5-25和图5-26），块茎染病始于脐部，纵切病薯可见“八”字半圆形变色环。

病原：大丽轮枝菌（*Verticillium dahliae* Kieb.），属无性型真菌轮枝菌属（*Verticillium*）。

发病规律：该病为土传性维管束病害，病菌以微菌核在土壤、病残体及薯块上越冬，翌年种植带菌的马铃薯即引起发病。病菌在体内蔓延，在维管束内繁殖，并扩展到枝叶上，该病不能在当年进行重复侵染。病菌发育温度范围为5～30℃，最适温度为19～24℃，气温低时，伤口愈合慢的情况下利于病菌侵入。地势低洼、施用未腐熟的有机肥、灌水不当及连作地发病重。

防治方法：

（1）农业防治。①选育抗病品种。②施用充分腐熟的有机肥。③与非茄科作物实行4年以上的轮作。

（2）化学防治。①种薯播种前进行药剂浸种，可选用50%多菌灵可湿性粉剂500倍液浸种1小时。②发病初期可选用65%十二烷胍可湿性粉剂800 ~ 1 000倍液、37%多菌灵草酸盐可溶性粉剂500倍液进行喷施。

图5-25　根、茎症状
（克山县植检植保站　提供）

图5-26　茎部纵切症状
（克山县植检植保站　提供）

（六）马铃薯尾孢叶斑病

马铃薯尾孢叶斑病是马铃薯生产上一种常见的病害。

症状：该病主要为害马铃薯叶片和地上部茎杆，茎块未见发病。病原菌侵染叶片后初期形成黄色至浅褐色圆形病斑，后扩大后形成不规则形病斑，颜色变为深褐色或黑褐色（图5-27），在潮湿的环境下，叶片背面会有一层灰色致密霉层，即病原菌的分生孢子梗和分生孢子。

病原：病原菌为无性型真菌绒层尾孢［*Cercospora concors*

（Casp.）Sacc.］。子座上密生多分枝的分生孢子梗，曲膝状，具分隔0～6个。分生孢子近无色或浅褐色，圆筒形或倒棍棒形，直或略弯，两端钝圆，大小（14～80）微米×（3～6）微米，长度变化较大。

发病规律：病原菌以菌丝体和分生孢子在病残体中越冬，成为翌年侵染源。翌年在马铃薯生长期间分生孢子经风雨传播侵染，在温度适宜且雨水多的条件下，流行迅速，连作地发生重。

图5-27　叶部症状

防治方法：

（1）农业防治。①实行轮作，与豆科、百合科、葫芦科作物实行轮作。②发病区域收获后实行土壤深耕。

（2）化学防治。发病初期喷洒50%多霉威可湿性粉剂1 000～1 500倍液或75%百菌清可湿性粉剂600倍液、30%碱式硫酸铜悬浮剂400倍液、1∶1∶200倍式波尔多液，每隔7～10天施药1次，连续防治2～3次。

（七）马铃薯炭疽病

马铃薯炭疽病是马铃薯生产上一种重要的病害，该病可为害马铃薯茎块、葡匐枝、根、茎、叶。

症状：马铃薯叶片染病后，叶片颜色变淡，顶端叶片稍向上反卷（图5-28和图5-29），茎秆染病后颜色变为褐色至深褐色（图5-30），中间部位凹陷，上部生长停止，病部上生许多灰色小粒点。发病后期整株褐色萎蔫死亡。地下根部染病从地面至薯块的皮层组织腐朽，易剥落，侧根和须根变为褐色逐渐坏死，后期植株易

图5-28　叶片症状1

图5-29　叶片症状2

图5-30　茎秆症状

拔出，茎基部空腔内长很多黑色粒状菌核。

病原：无性型真菌球炭疽菌［*Colletotrichum coccodes*（Wallr.）Hughes］。在寄主上形成球形至不规则形黑色菌核。分生孢子盘黑褐色聚生在菌核上，刚毛黑褐色，顶端较尖，有隔膜1～3个，聚生在分生孢子盘中央，大小（42～154）微米×（4～6）微米。分生孢子梗圆筒形，有时稍弯或有分枝，偶生隔膜，无色或浅褐色，大小（16～27）微米×（3～5）微米。分生孢子圆柱形，单胞无色，内含物颗粒状，大小（7～22）微米×（3.5～5）微米。在培养基上生长适宜温度25～32℃，最高34℃，最低6～7℃。

发病规律：病菌主要以菌丝体在种薯或病残体中越冬，翌年产生分生孢子随雨水传播，分生孢子产生芽管，从植株伤口或直接侵入，高温、高湿条件下传播蔓延迅速。

防治方法：

（1）农业防治。一是选用健康种薯；二是合理轮作，避免与茄科作物轮作。

（2）化学防治。发病初期开始喷洒75%嘧菌酯•戊唑醇水分散粒剂3 000倍液，或50%多•硫悬浮剂500倍液，或50%多菌灵可湿性粉剂800倍液、80%炭疽福美可湿性粉剂800倍液、70%甲基硫菌灵可湿性粉剂1 000倍液加75%百菌清可湿性粉剂1 000倍液。

（八）马铃薯粉痂病

该病主要为害马铃薯块茎及根部，茎部也可染病。

症状：块茎染病后在表皮出现针头大小的褐色小斑（图5-31），病斑边缘有半透明的晕环，后小斑逐渐隆起、膨大，形成3～5厘米不等的“疱斑”（图5-32），其表皮尚未破裂，为粉痂的“封闭疱”阶段，随病情的发展，“疱斑”表皮破裂、反卷，皮下组织现橘红色，散出大量深褐色粉状物（孢子囊球），“疱斑”凹陷成火山口状，外围有木栓质晕环，为粉痂的“开放疱”阶段（图5-33）。根、匍匐茎和地下部位形成大小不等、形状不同的根瘿或肿瘤，初期为白色，后变黑色。

图5-31　块茎早期症状

图5-32　块茎上的“疱斑”
（全国农业技术推广服务中心　提供）

图5-33　块茎后期症状

病原： 病原菌为粉痂菌［*Spongospora subterranea*（Wallr.）Lagerh.］。其休眠孢子囊球，外观如海绵状球体，中腔空穴，休眠孢子囊球形至多角形，壁不太厚，平滑，萌发时产生游动孢子。游动孢子近球形，无胞壁，顶生不等长的双鞭毛，在水中能游动，静止后成为变形体，从根毛或皮孔侵入寄主内致病，故游动孢子及其静止后为变形体，成为本病初侵染源。

发病规律： 病原以休眠孢子囊球在种薯内或随病残体在土壤中越冬，病薯和病土成为翌年本病的初侵染源。病害的远距离传播靠种薯的调运，田间则通过带菌土壤、肥料以及雨水进行近距离传播。休眠孢子可在土壤中存活4～5年，当条件适宜时，萌发产生游动孢子，从根毛、皮孔或伤口侵入。病菌最适宜发育和侵染的条件为土壤湿度90%左右、温度18～20℃、pH偏弱酸性，一般雨量多、夏季凉爽的年份发病重。

防治方法：

（1）植物检疫。严格执行检疫措施，对病区种薯禁止外调，禁止从疫区调入种薯。

（2）农业防治。①实行轮作。实行马铃薯与谷类或豆类作物5年以上的轮作。②筛选无病种薯。在病害发生地区，如不能提供健康种薯，则对播种用的种薯应逐个挑选，选用外形整齐、无任何病症的薯块作为种薯。③科学施肥。增施基肥或磷钾肥，多施石灰或草木灰，改变土壤pH。④加强田间管理。提倡高畦栽培，避免大水漫灌。

（九）马铃薯黑痣病

马铃薯黑痣病在整个马铃薯生育期内都可引起为害，近几年来在我国马铃薯种植区域普遍发生。

症状： 该病主要为害幼芽、茎基部和块茎（图5-34至图5-36）。幼芽染病后，有的在出苗前腐烂形成芽腐，造成缺苗，出土后的植株下部叶发黄，茎基部形成褐色凹陷斑，大小1～6厘米，受害茎基部或病斑上常有紫色菌丝层，有时茎基部及块茎着

图5-34　茎基部症状1
（包绍永　提供）

图5-35　茎基部症状2
（包绍永　提供）

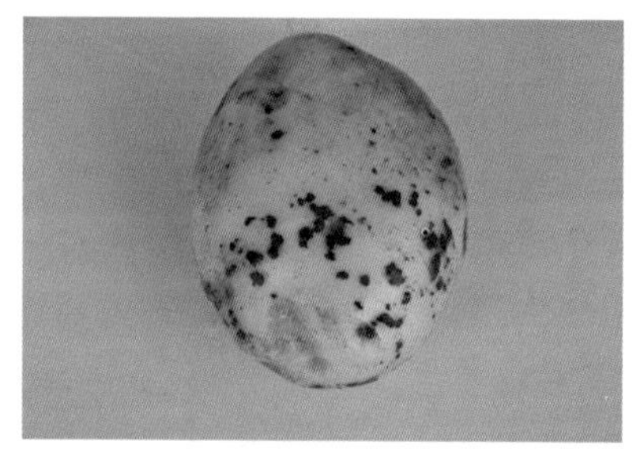

图5-36　块茎症状
（包绍永　提供）

生出大小不等、形状各异的块状或片状、散生或聚生的菌核，发病轻时症状不明显，发病重时植株形成立枯或顶部萎蔫或叶片卷曲，收获时块茎表面带有很多褐色的菌核。

病原： 立枯丝核菌［*Rhizoctonia solani* Kühn.］。

发病规律： 病原菌以菌核在病薯块茎中或土壤中越冬，带菌病薯是翌年主要初侵染来源，也是远距离传播的主要途径。据报道该病与春寒及土壤湿度有关，温度偏低、土壤湿度大、中性肥沃的土壤特别适宜该病的发生，播种早、播种后温度低、湿度大的区域发病重。

防治方法：

（1）农业防治。①选用抗病品种。②建立无病种薯生产基地，选用无病种薯播种。

（2）化学防治。①种薯处理。播种前用22%氟唑菌苯胺悬浮种衣剂或60%氟酰胺•嘧菌酯水分散粒剂进行药剂拌种。拌种方法为：每100千克种薯用22%氟唑菌苯胺悬浮种衣剂8 ~ 12毫升药剂；每100千克种薯用60%氟酰胺•嘧菌酯水分散粒剂22 ~ 25克。

② 在发病初期喷洒36%甲基硫菌灵悬浮剂600倍液。

（十）马铃薯枯萎病

马铃薯枯萎病是我国马铃薯生产上的一种重要的真菌性土传病害，随着马铃薯种植面积的不断扩大，以及长年连作，致使马铃薯枯萎病在一些重茬田块发病严重，对马铃薯生产构成了威胁，严重影响马铃薯产量和品质，导致其经济效益下降，已成为制约马铃薯产业发展的一种重要病害。

症状：一般在马铃薯花期发病，发病初期，植株下部叶片萎蔫，似缺水状，在中午或炎热的强光较为明显，早晚可恢复，后

图5-37　植株症状
（全国农业技术推广服务中心　提供）

图5-38　薯块症状
（全国农业技术推广服务中心　提供）

期，整株萎蔫枯死（图5-37），剖开病茎及薯块（图5-38）可见维管束变褐，湿度大时，在病部出现白色至粉红色菌丝。

病原：镰孢菌（*Fusarium*）的多个不同种都可引起马铃薯枯萎病。我国马铃薯枯萎病主要是由尖镰孢（*F.oxysporum* Schltdl. ex Snyder et Hansen）、拟轮枝镰孢［*F.verticilliodes*（Sacc.）Nirenberg］、腐皮镰孢［*F. solani*（Martiur）Appel et Wollenw. ex Snyder et Hansen］引起的。马铃薯枯萎病病原属无性型真菌镰孢属。病原菌一般产生

分生孢子座，子座初期为白色，后变为灰褐色。有大型分生孢子和小型分生孢子两种类型：大型分生孢子少，形状多样有镰刀形、橘瓣形、纺锤形等，顶端略尖，小型分生孢子多，卵形或肾脏形，单细胞，多散生在菌丝间，一般不与大型分生孢子混生。厚垣孢子球形，顶生或间生。

发病规律：病原菌以菌丝体或厚垣孢子随病残体在土壤中或薯块上越冬。来年由病薯病部产生分生孢子随雨水或灌溉水传播，由植株伤口侵入。田间湿度大、土温高于28℃或重茬地、低洼地易发病。

防治方法：

（1）农业防治。① 轮作。与禾本科作物或绿肥等进行轮作。② 选择无病种薯种植，加强肥水管理，使用腐熟有机肥。③选择地势高，排水良好的地种植，农事操作时，避免损伤薯块。

（2）化学防治。在发病初期用70%甲基硫菌灵可湿性粉剂700倍液灌根。

（十一）马铃薯癌肿病

马铃薯癌肿病是马铃薯生产中重要的检疫性病害，对马铃薯毁灭性极强，发病后，一般引起产量损失30%～40%，发病重的地块产量损失可达80%以上，甚至绝收。

症状：马铃薯植株生长期和薯块贮藏期均可发生。可危害块茎、花、叶及茎，主要为害地下部。田间病株与健株外观上无太大差异，部分病株较健株高，分枝多，绿色期较健株长，病株长出肿瘤或呈畸形。地下部被害后，在薯块芽眼及蔓茎上长出不规则超疏松突起，呈花椰菜状肿瘤（图5-39至图

图5-39　根部症状

5-41）。初期为乳白色（图5-42），后逐渐变为粉红至红褐色，最后变黑腐烂，散发恶臭味和褐色黏液。植株茎基部感病后，在茎基部长出花椰菜状肿瘤。病薯在贮藏期可继续扩展为害，造成烂薯，使病薯变黑，发出恶臭，严重可造成烂窖。

病原：病原为内生集壶菌［*Synchytrium endobioticum*（Schulbersky）Percival］。病菌内寄生，初期营养菌体为无胞壁裸露的原生质，后为具胞壁的单胞菌体，最后原生质转化为近球形的休眠孢子囊堆，内含若干个孢子囊。孢子囊球形，锈褐色，壁周围具不规则脊突，萌发释放出大量游动孢子或合子。游动孢子具单鞭毛，球形或梨形。合子具双鞭毛，形状如游动孢子，但较游动孢子大。在水中均能游动，可进行初侵染和再侵染。

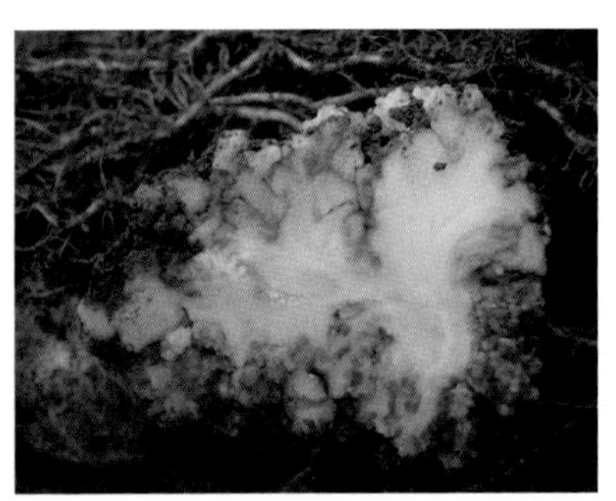
图5-40　块茎切开后症状

图5-41　块茎癌肿症状

图5-42　初期症状

发病规律：病菌以休眠孢子囊在病组织内或随病残体遗落在土壤中越冬。休眠孢子囊抗逆性很强，可在土壤中存活25～30年，条件适宜时萌发产生游动孢子和合子，由寄主表皮细胞侵入感染，形成孢子囊，释放出游动孢子或合子进

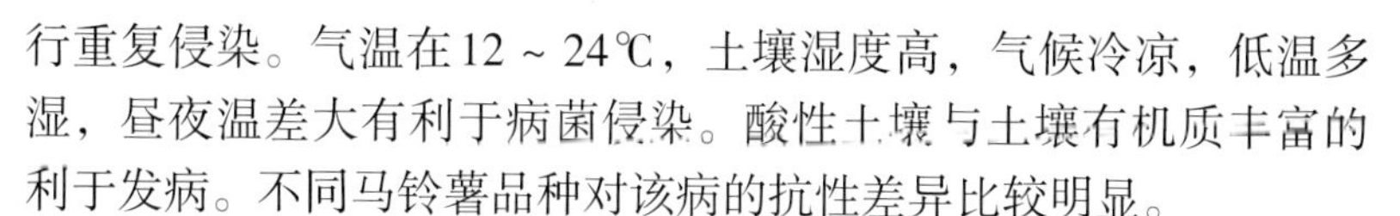

行重复侵染。气温在12～24℃，土壤湿度高，气候冷凉，低温多湿，昼夜温差大有利于病菌侵染。酸性土壤与土壤有机质丰富的利于发病。不同马铃薯品种对该病的抗性差异比较明显。

防治方法：

（1）农业防治。①严格检疫。严禁从疫区调运种薯，疫区的土壤、植株等可能带疫情的材料亦禁止外运。②因地制宜，选择抗病品种进行种植。③发病比较严重的地区，可进行改种非茄科植物。或利用生石灰对土壤进行消毒处理。④强化栽培管理。施用充分腐熟的粪肥，增施钾肥、磷肥，适时中耕，避免田间积水，及时挖除田间病株，集中深埋或烧毁。

（2）化学防治。在病害发生初期，及时施药防治。可用20%三唑酮乳油1 500～2 000倍液或72%霜脲锰锌可湿性粉剂600～800倍液喷施。

（十二）马铃薯白绢病

马铃薯白绢病是马铃薯上常见病害之一，分布普遍。主要在我国南方发生，一般病株率10%～15%，可造成明显减产。贮藏期间，造成大量薯块腐烂。

症状：该病主要为害薯块，有时也为害茎基部。薯块受侵染后，在病部密生白色绢丝状白色霉层，扩展后呈放射状，后期形成黄褐至棕褐色圆形粒状小菌核，剖开病薯，皮下组织变褐腐烂（图5-43）。茎基感病后，初期略呈水渍状，后在病部产生绢丝状白色霉层，后期形成紫黑色近圆形粒状小菌核，植株叶片变黄至枯死。

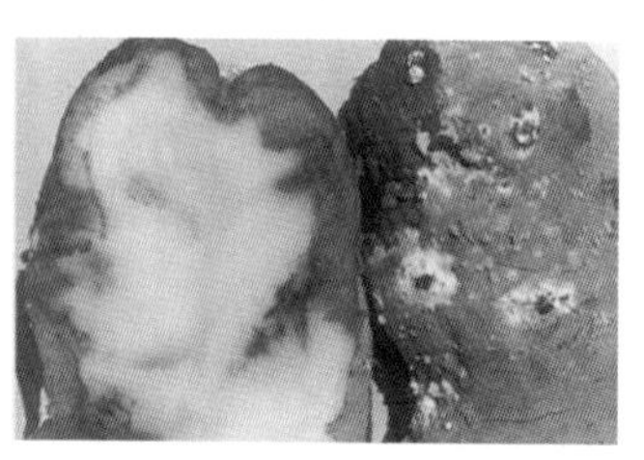

图5-43　薯块症状
（全国农业技术推广服务中心　提供）

病原：原为齐整小核菌（*Sclerotium rolfsii* Sacc.），属无性型真菌。菌丝无色，疏松，具隔膜，可集结成菌核。菌核球形或椭圆形，初白色，紧贴于寄主上，后变为黄褐色，似油菜籽。

发病规律： 病菌以菌核或菌丝遗留在土中或病残体上越冬。田间主要通过雨水、灌溉水、土壤、病株残体、肥料及农事操作等传播蔓延。菌核抗逆性强，耐低温，萌发后产生菌丝，从根部或近地表茎基部侵入，形成中心病株，后在病部表面生白色绢丝状菌丝体及圆形小菌核，再向四周扩散。菌丝不耐干燥，发育适温32～33℃，最高40℃，最低8℃，耐酸碱度范围pH1.9～8.4，最适pH为5.9。在我国南方种植区域，6～7月高温、高湿，栽植过密，行间通风透光不良，施用未充分腐熟的有机肥及连作地发病重。

防治方法：

（1）农业防治。①轮作。与禾本科作物轮作或水旱轮作。②施用充分腐熟的有机肥，适当追施硫酸铵、硝酸钙。③调整土壤酸碱度，结合整地，每亩2施消石灰100～150千克，调节土壤呈中性至微碱性。

（2）化学防治。用20%五氯硝基苯粉剂每亩1千克加1千克细土施于茎基部土壤上。或用70%甲基硫菌灵可湿性粉剂800倍液，或20%三唑酮乳油2 000倍液，每隔7～10天喷施或灌穴1次。

（十三）马铃薯灰霉病

马铃薯灰霉病是马铃薯生产及贮藏期间的病害之一，可危害马铃薯叶片、茎秆、块茎，影响马铃薯正常生长，该病菌还可危害十字花科、豆科、茄科、葫芦科等多种植物。

症状： 病原菌主要危害植株叶片、茎秆，也可危害块茎。病原菌危害叶片，先从叶尖或叶缘开始危害，呈V字形向内扩展，病斑初呈水渍状，后变青褐色，湿度大时，在病斑上形成灰色霉层（图5-44），后期病部碎裂，穿孔（图5-45）。茎秆受害后，茎秆上产生条状褪绿斑，并产生大量霉层。贮藏期块茎感病后，薯块表皮皱缩，皮下萎蔫，变灰黑色，后呈褐色半湿状腐烂，在伤口或芽眼形成灰色霉层。也有部分病薯呈干燥性腐烂，凹陷变褐，但深度不超过1厘米。

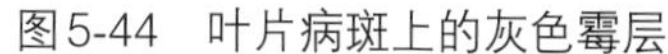
图5-44 叶片病斑上的灰色霉层

图5-45 叶片后期症状

病原： 灰葡萄孢（*Botrytis cinerea* Preson），属无性型真菌。其分生孢子梗多分枝，顶端膨大，产生葡萄穗状丛生的分生孢子，分生孢子呈球形至卵形，单细胞，无色或浅褐色。

发病规律： 病菌菌核在土壤里越冬，菌丝体及分生孢子可在病残体、土表、土壤内及种薯上越冬，成为来年初侵染源。田间病菌分生孢子可随雨水、气流、灌溉水、昆虫和农事操作传播。经植株伤口、枯衰组织侵入，条件适宜时，可进行多次再侵染。该病菌发育需满足16～20℃的低温和95%以上的高湿条件，其中湿度影响最为重要。早春寒、晚秋冷凉、低温高湿条件下发病重。种植密度过大、重茬地、冷凉阴雨等条件下利于侵染发病，贮藏期在低温高湿下也利于块茎发病。

防治方法：

（1）农业方法。①严格挑选种薯，尽量减少伤口。②实行粮薯轮作，高垄栽培，合理密植，增施钾肥，适当灌水，及时清除病残体。

（2）化学防治。发病初期，用50%乙烯菌核利可湿性粉剂1 000倍液，或40%多硫悬浮剂600倍液，或75%百菌清可湿性粉剂600倍液喷雾防治。

二、细菌性病害

（一）马铃薯疮痂病

马铃署疮痂病是一种世界性病害，在欧洲、北美洲和亚洲都有发生。在我国许多马铃薯产区普遍发生，近年来已升级为影响我国马铃薯种薯生产的主要病害之一。但被害薯块质量和产量仍可降低，不耐贮藏，且病薯外观不雅，商品品级大为下降，招致一定的经济损失。

症状：该病主要危害马铃薯块茎，最初在块茎表面产生浅褐色小点，逐渐扩大成褐色近圆形至不定形大斑，以后病部细胞组织木栓化，使病部表皮粗糙，开裂后病斑边缘隆起，中央凹陷，呈疮痂状，病斑仅限于皮部，不深入薯内一般分为两种发病症状，分别是网纹状病斑和裂口状病斑（图5-46至图5-48）；匍匐茎也可受害，多呈近圆形或圆形的病斑。

图5-46　块茎症状1

病原：马铃薯疮痂病的病原隶属放线菌门链霉菌属，目前我

图5-47　块茎症状2

图5-48　块茎症状3

国已发现的病原菌包括疮痂链霉菌［*Streptomyces scabies*（Thaxter）Waksman & Henvici］、酸疮痂链霉菌［*Sacidi scabies*（Lambert & Loria）］等。病原菌寄主范围广泛，除侵害马铃薯外，还可侵害甜菜、萝卜等。

侵染循环：病原菌在病薯或土壤中越冬，在薯块形成期和膨大期，从薯块皮孔或伤口侵入。该病适宜发生温度为25～30℃，中性或微碱性土壤易发病，低洼地易发病，不同的品种间发生差异显著，薯块薄皮易感病，厚皮品种相对较抗病。

防治方法：

（1）农业防治。①选用无病种薯，不要从发病区域调薯种。②多施有机肥或绿肥。③实行轮作，与豆科、百合科、葫芦科作物实行轮作。

（2）化学防治。选用40%福尔马林200倍液浸种4分钟，晾干后播种。

（二）马铃薯环腐病

马铃薯环腐病又名圈烂。通常情况下只在马铃薯上发病，该病不仅在马铃薯生育期发病，且染病薯块在贮藏期可继续危害。

图5-49　叶片症状1

症状：马铃薯环腐病主要为害马铃薯植株维管束，植株染病后，初期症状为叶片叶脉褪绿，叶片边缘向上卷曲（图5-49至5-52），后逐渐变黄，呈黄枯斑驳状，后至全株黄枯萎状枯死。一般情况下先从植株下部叶片开始，后向上蔓延至植株全株。田间观察，该病症状一般分为两种，一种是发病后植株矮缩、分枝少，叶小发黄，到生长后期才出现明显的萎蔫状；另一种是急性萎蔫状，主要表现为染病后在一定气象条件下，植株叶片短时间内呈灰绿色萎蔫状，叶片并向内卷曲，并提前枯死，植株维管束初期症状不明显，后期发病严重时植株维管束向浅黄色至黄褐色至褐色病变，后期最先腐烂为维管束周围的薄壁组织，呈环状腐烂，用手挤压有白色菌脓从维管束中流出，并皮层与髓部分离。染病块茎切开后，皮层内呈环形或弧形坏死，局部形成空腔（图5-53）。染病种薯播种后三种情况，一是不出苗，二是出芽后枯死，三是形成新的病株。

图5-50　叶片症状2

图5-51　叶片症状3

图5-52　叶片症状4

图5-53　块茎症状

病原：马铃薯环腐病属细菌性病害，病原菌为密执安棒形杆菌环腐亚种［*Clavibacter michiganense* subsp. *sepedonicus*（Spieckermann & Kotthoff）Davis et al.］属厚壁菌门厚壁细菌纲棒形杆菌属。

侵染循环：该病传播途径分为种薯带菌、水和块茎传播，其中种薯带菌是主要初侵染源，也是远距离传播马铃薯环腐病的主要途径。多年来研究观察表明，种薯切块时的切刀不消毒为该病主要传播途径，在切了一个病薯后，切刀不消毒，切刀上的菌脓可连续传染多个健康切块，有研究表明一个切刀不消毒后可传染28个健康薯块。另一种传播途径为水传播，染病植株上的病菌可通过雨水、灌溉水经昆虫、农事操作等进行传播。第三种传播途径为收获期和贮藏期时块茎传播，染病块茎和健康块茎通过接触传播。

发病规律：病薯播种后，病菌在块茎内繁殖后沿维管束进入植株地上部分，引起发病，以沿维管束侵入新结的块茎，染病块茎作为种薯时又成为次年或下一季初侵染源。环境温度是影响环腐病发病的主要因素，病菌最适生长温度为20～23℃，最高生长温度为31～33℃，土壤温度在18～22℃蔓延最快，这也是冷凉区域该病发生重的原因。

防治方法：

（1）禁止病薯传播。因种薯带菌是该病主要传播途径，严格禁止带病种薯调入或调出，凡是马铃薯环腐病发生区域的种薯应改变用途，作商品薯处理。

（2）推广小整薯播种。选用无病小整薯播种可以杜绝切刀传播途径，是防治马铃薯环腐病的一种有效措施。

（3）切刀、容器消毒。种薯切块播种，可选用75%酒精或10%石灰水或5%来苏水等药液进行浸泡消毒，并轮换使用，对用于盛装病薯的筐、袋等容器，同样需要进行浸泡或刷洗等消毒措施处理。

（4）选用抗病品种。在重发生种植区域，选用抗病品种，如克新1号，白头翁、长薯4号、长薯5号，同薯8号、晋薯5号、郑薯4号。

（5）化学防治。可选用36%甲基硫菌灵悬浮剂800倍液进行浸种，或70%敌磺钠可溶粉剂进行拌种，拌种剂量为每100千克种薯用药210克。

（三）马铃薯软腐病

马铃薯软腐病是以块茎发病症状命名的一种细菌性病害，又名马铃薯腐烂病。全国马铃薯主产区均有发生。

症状：该病症状主要表现在收获后的贮藏期及运输过程中，也有在植株地上部分表现。块茎染病后初期症状为表皮形成浅褐色凹陷状病斑，圆形或近圆形水渍状，病斑直径0.3 ~ 1厘米，在潮湿、温度高的情况下，病斑迅速扩大，病部组织向软、湿腐状病变，表皮下病变组织逐渐变为灰色或黄色，此时无明显臭味，后期变为褐色或黑色，有浓烈的恶臭味（图5-54至图5-56）。植株地上部分受害后，症状主要表现为叶片、茎基部呈现软蔫和腐烂，主要在高温高湿情况下发生。

图5-54　块茎症状1

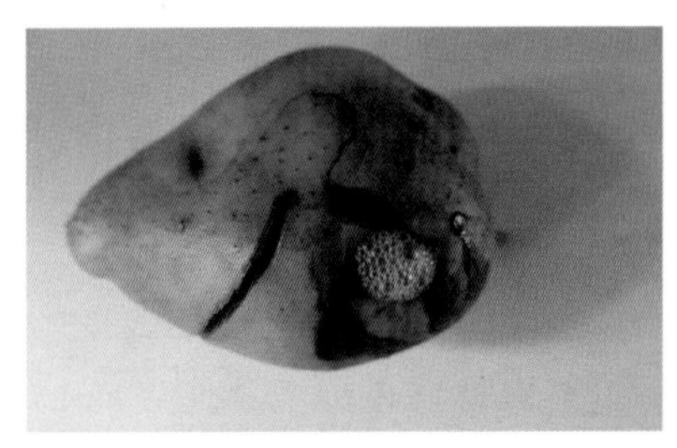

图5-55　块茎症状2

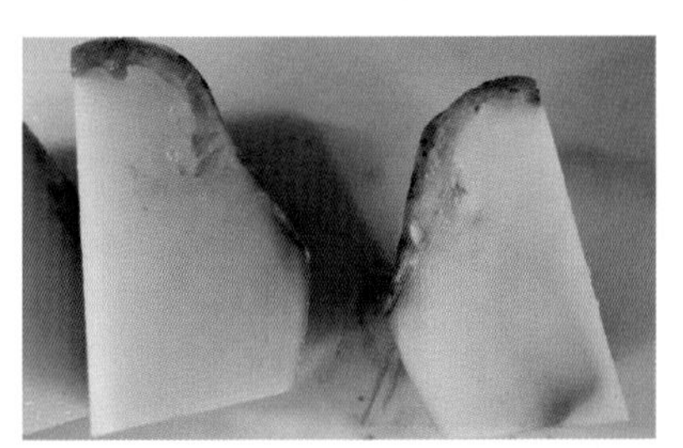

图5-56　块茎症状3

病原：该病为细菌性病害，引起该的有3种细菌，第一种为胡萝卜欧文氏菌胡萝卜亚种，［*Erwinia carotovora* subsp. *carotocora*（Jones）Bergey et al.］，第二种为菊欧文氏菌［*E. chrysanthemi* Burkholder］，第三种为胡萝卜欧文氏菌黑胫亚种［*E. carotovora* subsp. *atroseptica*（van Hall）Dye］。

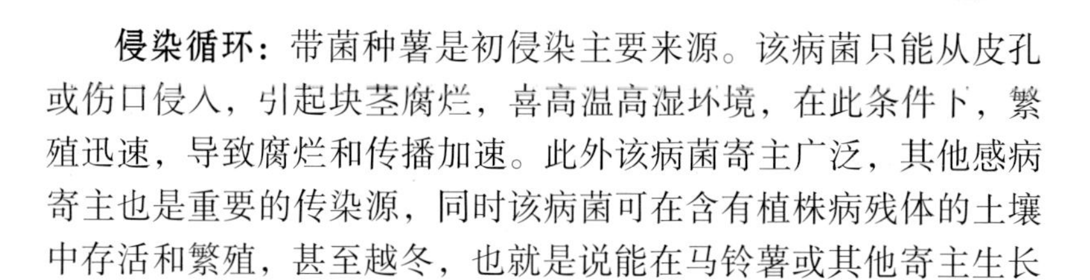

侵染循环：带菌种薯是初侵染主要来源。该病菌只能从皮孔或伤口侵入，引起块茎腐烂，喜高温高湿环境，在此条件下，繁殖迅速，导致腐烂和传播加速。此外该病菌寄主广泛，其他感病寄主也是重要的传染源，同时该病菌可在含有植株病残体的土壤中存活和繁殖，甚至越冬，也就是说能在马铃薯或其他寄主生长期间为害，也可成为下一季病害的初侵染源。

防治方法：

（1）农业防治。

①播种时选择无病健薯，淘汰烂薯，避免在土壤高湿状态下播种，优先选用小整薯播种。②忌用有病株残体的堆肥和厩肥，且应充分发酵腐熟。③清洁田园，田间病薯、病残体和其他植株病残体要带出田园统一处理，不要随意丢弃。④贮藏时要保持仓库内冷凉通风，避免地表潮湿和库内缺氧。⑤收获时和运输过程中要尽避免块茎损伤。

（2）化学防治。用0.05%硫酸铜液剂或0.2%漂白粉液洗涤或浸泡薯块可以杀灭潜伏在皮孔及表皮的病菌。

（四）马铃薯黑胫病

马铃薯黑胫病又称黑脚病，在我国各马铃薯产区均有不同程度发生，发病率一般为2%～5%，严重的可达40%～50%。多雨年份可引起严重减产，在田间可造成缺苗断垄及块茎腐烂，贮藏期可引起烂薯。

症状：该病原菌主要侵染危害马铃薯薯块及茎。被害后，地上部分植株矮化，长势衰弱，植株节间短，叶缘向上卷，叶片淡黄色（图5-57），最明显症状是茎基部变黑褐色，软化腐烂，易拔起（图5-58）。地下部分薯块感病后，从薯块脐部开始腐烂变黑褐色，并散发有臭味。

病原：胡萝卜软腐欧文氏菌马铃薯黑胫亚种*Erwinia carotovora* subsp. *atroseptica*（Van Hall）Dye。菌体短杆状，单细胞，周生鞭毛，革兰氏染色阴性，该病原菌适宜温度10～38℃，最适温度为25～

图5-57 地上部分症状

图5-58 茎基部症状

27℃，温度高于45℃失去活力。

发病规律：该病主要侵染来源是种薯带菌，土壤一般不带菌。病原菌通过切病薯块可引起更多种薯发病，通过维管束或髓部进入植株进行侵染，引起地上部分发病。田间灌溉水、雨水或昆虫均可传播该病菌，病菌初期由植株伤口侵入引起发病，后期病株上的病菌由地上茎通过匍匐茎传到新生薯块上。贮藏期间病健薯块接触引起该病菌传播。高温、高湿、通风不良均利于发病。

防治方法：

（1）农业防治。①因地制宜，选择抗病品种。②选择无病种薯，小整薯播种。③选择地势高，排水良好的地种植，种薯切块后用草木灰拌种播种，进行农事操作时，避免损伤种薯。④适时早播，促使早出苗。⑤及时拔除田间病株，减少菌源。⑥严格种薯选择，避免选择带伤种薯，贮存时，要避免温度过高，湿度过大。

（2）化学防治。一般化学药剂较难防治，在播种时可选用72%农用链霉素可湿性粉剂进行拌种，拌种剂量为每100千克种薯用药10克，在发病初期用25%络氨铜水剂600倍液灌根。

（五）马铃薯青枯病

马铃薯青枯病又名细菌性青枯病，从危害情况来看，它是马铃薯病害中仅次于晚疫病的重要病害，分布范围广，一旦发病，可引起马铃薯产量大幅度减产，发病中的减产80%以上，对马铃薯生产影响较大。

症状：青枯病是典型维管束病害，在幼苗期和成株期均能发生，病菌侵入维管束后迅速繁殖并堵塞导管，妨碍水分运输导致萎蔫。植株感病后，叶片从下部开始萎蔫（图5-59），初期早晚可恢复，几天后整株萎蔫死亡，但茎叶保持青绿色（图5-60和图5-61），横剖茎部可见维管束变褐，挤压切面时溢出白色菌脓。薯块感病后，严重时切开薯块，维管束圈变褐，挤压可见溢出白色菌脓（图5-62）。

图5-59　叶片萎蔫症状

图5-60　植株萎蔫死亡

图5-61　植株受害状

图5-62　块茎症状

病原：茄劳尔氏菌［*Ralstonia solanacearum*（E. F. Smith）Comb. Nov.，原名为*Pseudomonas solanacearum*］，属薄壁菌门劳尔氏菌属。菌体单细胞，短杆状，两端钝圆，大小为（0.9 ~ 2.0）微米 ×（0.5 ~ 0.8）微米，单生活双生，极生1 ~ 3根鞭毛。革兰氏染色阴性。

发病规律：病薯是传病的主要来源，病菌可通过灌溉水或雨水传播，病菌从植株茎基部或根部伤口侵入或透过导管进入相邻的薄壁细胞，后在植株茎部出现不规则水浸状斑。该病菌喜高温，最适温度35～37℃，一般27～32℃最适宜发病。高温、高湿、连作田、低洼地均利于发病，一般酸性土发病重。

防治方法：

（1）农业防治。①轮作。与十字花科或禾本科作物轮作，最好与禾本科进行水旱轮作。②选用抗病品种。③选择干燥，地势高，排水良好的地种植，避免大水漫灌。④及时拔除病株用生石灰消毒。⑤选用无病种薯。

（2）化学防治。在播种时可选用72%农用链霉素可湿性粉剂进行拌种，拌种剂量每100千克种薯用药10克，发病初期可用3%噻霉酮可湿性粉剂1 000倍液进行喷雾。

三、病毒性病害

（一）马铃薯小叶病

马铃薯小叶病是马铃薯上的常见病毒病之一，分布广泛，在我国各马铃薯种植区域均有发生。

症状：主要危害叶片。发病初期，植株心叶长出的复叶小，叶柄向上直立，小叶呈畸形，叶面粗糙，与下位叶片差异较明显（图5-63）。该病一般在农户种植自行留种的田块易于发病，在种植脱毒薯块的田块发病少。

图5-63　植株症状

病原：病原尚未完全明确，多数认为是马铃薯M病毒（PVM）。病毒粒体微曲线状，致死温度65～71℃，20℃体外可存活期几天。除侵染马铃薯外，还可侵染危害番茄、千日

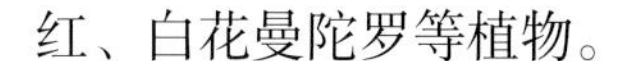

红、白花曼陀罗等植物。

发病规律：该病毒主要通过蚜虫传播。

防治方法：参见马铃薯病毒病防治方法。

（二）马铃薯其他病毒病

马铃薯病毒病是马铃薯主要病害之一，分布较广，在我国各马铃薯产区均有发生危害，一般造成减产20%～50%，严重时减产80%以上。马铃薯病毒病的种类复杂，症状表现不一，根据症状表现常常将马铃薯病毒病分为马铃薯花叶病和马铃薯卷叶病两大类。

症状：该病在田间常表现为花叶、坏死、卷叶3种类型症状（图5-64至图5-66）。花叶型：叶片颜色不均匀，叶面呈浓绿相间或斑驳花叶，严重时引起叶片皱缩畸形，植株矮化，有时叶脉透明。坏死型：在植株叶片、叶脉、叶柄、枝条、茎部出现褐色坏死斑，后病斑发展连接成坏死条斑，严重时全叶枯死或萎蔫脱落。卷叶型：叶片沿主脉或自边缘向内翻转，变硬、变脆，严重时叶片卷曲呈筒状，整个植株直立矮化（图5-67）。此外复合侵染可导致马铃薯发生条斑坏死。

病原：该病主要为马铃薯X病毒（PVX）、马铃薯Y病毒（PVX）、马铃薯S病毒（PVS）、马铃薯卷叶病毒（PLRV）侵染导致。马铃薯X病毒在马铃薯上引起轻花叶，有时产生斑驳或环斑，病毒粒体呈线性，寄主范围广，主要侵染茄科植物，稀释限点100 000～1 000 000倍，钝化温度68～75℃，体外可存活1年以上。马铃薯Y病毒在马铃薯上引起严重花叶或坏死点及条斑，病毒粒体呈线性，寄主范围较广，可侵染多种茄科植物，稀释限点100～1 000倍，钝化温度52～62℃，体外可存活1～2天。马铃薯S病毒在马铃薯上引起轻度皱缩花叶或不显症，病毒粒体呈线形，其寄主范围较窄，系统侵染的植物仅限于少数茄科植物。稀释限点1～10倍，钝化温度55～60℃，体外可存活3～4天。马铃薯卷叶病毒在马铃薯上引起叶片卷叶，病毒粒体呈球状，寄主范围主要是茄

图5-64　卷叶症状1

图5-65　卷叶症状2

图5-66　花叶症状

图5-67　植株矮化

科植物，稀释限点10 000倍，钝化温度70℃，体外可存活12 ~ 24小时，2℃低温下可存活4天。此外马铃薯A病毒和烟草花叶病毒（TMV）也可侵染马铃薯。

发病规律：该病毒主要在带毒薯块内越冬，为播后初侵染源。田间主要通过蚜虫吸食汁液传播，高温、干旱，田间管理粗放，引起蚜虫数量增多，发病严重。25℃以上高温会降低寄主对病毒的抵抗力，有利于传毒媒介蚜虫的繁殖、迁飞及传病，使病害扩展蔓延，加重受害程度。另外，品种抗病性和栽培措施均会影响该病的发生程度。

防治方法：

（1）农业防治。①因地制宜选育和种植抗病品种。②选用无毒或脱毒种薯种植。③及早拔除田间病株，高垄栽培，及时培土，精耕细作，避免偏施过施氮肥，增施磷钾肥，注意中耕除草，控制秋水，严防大水漫灌。

（2）化学防治。发病初期，选用0.5%香菇多糖水剂12.45 ~ 18.75克/公顷，5.9%辛菌胺•吗啉胍水剂196.9 ~ 225克/公顷，5%盐酸吗啉胍可溶粉剂703 ~ 1 406克/公顷，或20%吗胍•乙酸铜可湿性粉剂500 ~ 750克/公顷喷雾防治。另外，蚜虫是传播该病毒的介体，应注意对蚜虫的防治，防治其传病。可选用0.5%苦参碱水剂4.5 ~ 6.75克/公顷，或10%吡虫啉可湿性粉剂15 ~ 30克/公顷，或5%啶虫脒乳油18 ~ 30克/公顷，或4%阿维•啶虫脒微乳剂6 ~ 12克/公顷喷雾防治。

四、线虫病害

（一）马铃薯根结线虫病

马铃薯根结线虫病是马铃薯生产上的重要病害，马铃薯受害后，严重影响马铃薯的品质和产量。

症状：该病主要为害马铃薯根部和地下块茎，根部受害后在根上形成许多大小不等的肿瘤（图5-68和图5-69），初为乳黄色，近球形至葫芦状，后发展成形状各异的肿根，剖开后可见乳白色梨形状根结线虫雌虫，块茎受害后，表皮层形成多个大小不一的肿瘤状突起，剖开后也可见乳白色的肿瘤状突起，剖开后也可见乳白色梨形状根结线虫雌虫（图5-70和图5-71）。马铃薯受害后，地上植株部分表现为生长不良，叶片着生斑点或黄化，叶丛萎蔫，严重时地上部分死亡。

病原：在我国，为害马铃薯的根结线虫有南方根结线虫（*Meloidogyne incognita*）、繁峙根结线虫（*M. fanzhiensis*）、中华根结线虫（*M. sinensis*）和北方根结线虫（*M. hapala*）4种，均属垫刃线虫目异皮线虫科根结线虫属。南方根结线虫雌雄异形，雄成虫线状，尾端稍圆，无色透明，大小为（1.0 ~ 1.5）毫米 ×（0.03 ~ 0.04）毫米。雌成虫梨形（图5-72），每头雌成虫可产卵300 ~ 800粒，

图5-68　感染南方根结线虫的植株根部1

图5-69　感染南方根结线虫的植株根部2

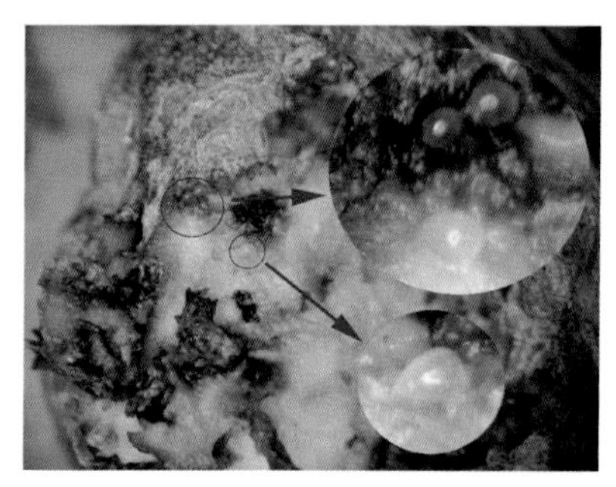
图5-70　感染根结线虫的块茎1

图5-71　感染根结线虫的块茎2

图5-72　南方根结线虫雌成虫

埋生于寄主组织内。

发病规律：该虫以二龄幼虫或卵在土壤中越冬。越冬卵孵化后从嫩根或块茎侵入，刺激细胞增生，形成瘤状根结，幼虫在寄主体内发育至四龄后进行交尾产卵，卵孵化成幼虫后至二龄阶段离开卵壳脱离寄主进入土中进行再侵入或越冬。该虫多处于20厘米的表土层中，主要活动层在3～10厘米。通过病土、病苗和浇水传播，中性沙壤、结构疏松的土壤发病严重，长期连作将加重该病的发生。

防治方法：

（1）农业防治。①选用无病种薯。②不要将病薯作为饲料，以防通过牲畜消化道进入粪便传播。③前茬收获拉秧后仔细清除植株残根，深翻土壤，减少病源。

（2）药剂防治。可选用20%呋虫胺可溶剂500倍液灌根处理，减轻根结线虫的发生危害；也可选用10%的噻唑磷颗粒剂500克与10～15千克细土混合均匀撒施、盖土、浇水至土湿润即可。

（二）马铃薯金线虫病

马铃薯金线虫又称马铃薯胞囊线虫，是马铃薯的毁灭性病害。该病除危害马铃薯外，还危害番茄等茄科作物。该病主要分布在欧洲大部分国家和亚洲少数国家，是我国重要检疫对象。

症状：该线虫对马铃薯根系伤害很大，根系受害后，植株呈矮小、茎秆细长、开花少或不开花等生长不良现象，叶片上生斑点或黄化，叶丛萎蔫或死亡。开花期拔出根部，可见许多白色或黄色的未成熟的雌虫露于表面。

病原：马铃薯金线虫［*Globodera rostochiensis*（Wollenweber）Behrens］，属线虫门，侧尾腺纲，垫刃目，异皮线虫科，球胞囊线虫属。马铃薯金线虫雌雄异形，雌虫球形或近球形，颈突出，头部小，初从寄主根皮露出时为白色，后变为金黄色，表面具刻点，后形成金黄色至褐色球形胞囊。雄虫线形，具交合刺1对，位于尾端部，无孢片。

发病规律：马铃薯金线虫是定居型内寄生线虫，以鞣革质的胞囊在土壤中越冬。翌春在寄主分泌物的刺激下，从土壤中休眠孢囊里的卵孵化出的幼虫侵入马铃薯根内，在根的组织里发育成3～4龄幼虫，发育成成虫以后钻出到根表面，雄虫回到土壤中，雌虫受精后仍然附着在根的表面，并长成新的胞囊。雌虫胀破胞囊外露，内含卵数十至数百粒。雌虫刚钻出时为白色，以后4～6周为金黄色阶段（图5-73和图5-74）。除为害马铃薯外，还可为害番茄。该虫抗逆性强，土壤类型适合，胞囊内的卵可以在土壤中存活达28年。

该虫通过幼虫在土壤中移动造成的扩散传播距离很短，但是胞囊可通过农事操作、灌溉水以及风雨扩散传播。

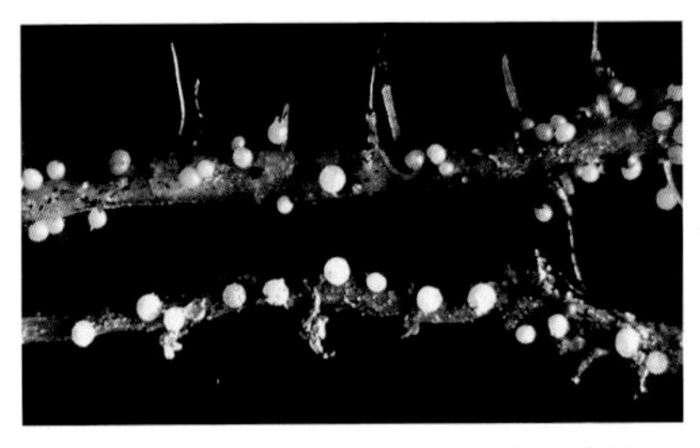

图5-73 根部的马铃薯金线虫胞囊
（全国农业技术推广服务中心 提供）

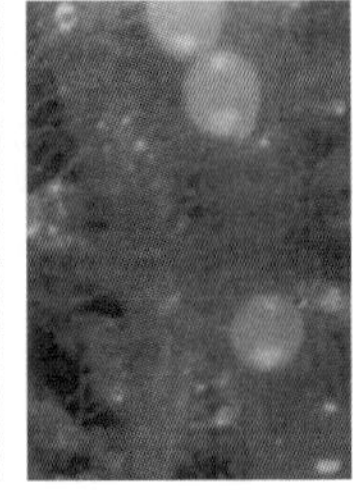

图5-74 病薯及放大的胞囊
（全国农业技术推广服务中心 提供）

防治方法：

（1）严格进行检疫，防止种薯传播。供外运的种薯尽可能不带土，如带土要注意镜检泥土中是否有雌虫或胞囊。

（2）农业防治。①在该病发生地区实行10年以上轮作。②选用抗病品种。

五、其他病害

（一）马铃薯冻害

由低温引起，主要危害马铃薯幼苗、薯块。

苗期冻害田间症状：马铃薯苗期遭遇0℃或0℃以下低温时，幼苗生长点和顶部叶片出现明显冻害症状，冻害较轻时，叶片虽未凋萎，便生长停滞，叶片皱缩、畸形，叶色变为黄绿色，冻害较重时，生长点和顶部叶片萎蔫变褐，后至干枯，受害部分死亡（图5-75至图5-79），后气温回暖，植株从未受冻的茎节上再萌发出新的枝叶。

窖藏冻害症状：为害薯块，贮藏窖中长期处于0℃或0℃以下低温时，薯块肉质部分变褐，后至黑色，严重时薯块薄壁细胞结冰，造成薯肉脱水、萎缩。同时淀粉转化为糖分，严重影响种薯质量。

防治方法：各地应根据本区域自然条件调节好播种期，错开

图5-75　冻害1

图5-76　冻害2

图5-78　冻害4

图5-77　冻害3

图5-79　霜降造成的危害状

早、晚霜期。受到低温冻害的田块，迅速追施速效肥，增强作物生长活力和恢复能力，促进早发，这种方法对受害较轻的种芽和幼苗效果比较明显，如喷施0.136%芸苔•吲乙•赤霉酸可湿性粉剂10 000倍液可有效促进生长。窖藏时应严格控制窖内温度，种薯贮存温存应保持在2～4℃，食用薯4～6℃，加工原料薯8℃左右。

（二）马铃薯药害

马铃薯药害是指在马铃薯上使用农药不当而引起作物生长不良或出现生理障碍（图5-80），可分为急性药害、慢性药害和残留药害等。

急性药害是指施药后10天内所表现的症状，一般发生很快，症状明显，大多表现为斑点、失绿、烧伤、凋萎、落花、卷叶畸形、幼嫩组织枯焦等。

慢性药害是指施药后数十天才会出现药害症状，且症状不明显，主要影响作物的生理活动，如出现黄化、生长发育缓慢、畸形等。

残留药害是指有一些农药在土壤中残留期较长，容易影响下茬作物的生长。

药害发生的原因有以下几个方面：一是使用农药过量、使用技术不当；二是购买了假劣农药；三是某些农药对马铃薯作物不安全，使用这些农药会造成药害；四是由于作物和环境条件的综合因素引起。最常见的是除草剂对马铃薯产生的药害（图5-81）。

图5-80　药　害

图5-81　除草剂危害

补救措施：

（1）喷大量水淋洗或略带碱性水淋洗，起到冲刷、稀释作用，可在一定程度上减轻药害。

（2）迅速追施速效肥，增强作物生长活力和恢复能力，促进早发，这种方法对受害较轻的种芽和幼苗效果比较明显，如喷施0.136%芸苔•吲乙•赤霉酸可湿性粉剂10 000倍液可有效促进生长，缓解药害。

（3）针对发生药害的药剂，喷洒能缓解药害的药剂。

（4）将受药害较严重的部位剪除或摘除。

（三）马铃薯绿皮薯

马铃薯绿皮薯是由于块茎长时间暴露在光照下引起的。绿皮薯块茎产生叶绿素和龙葵素，人们食用后会引起龙葵素中毒，引起呕吐，失去食用价值和商品性。

图5-82　绿皮薯1

图5-83　绿皮薯2

症状：马铃薯块茎表皮变绿色（图5-82和图5-83）。

原因：在马铃薯生育期间，导致绿皮薯出现的原因主要有：垄上培土少，或受雨水冲刷或田间作业时使垄上的土层塌下，使得茎块裸露在光照下，薯皮长时间见光后变绿或青色，薯块不能正常膨大。薯块贮藏期间，长时间的阳光散射光或照明光也能引起薯块薯皮变绿。

防治方法：

（1）及时培土，在马铃薯生长期间应及时培土，避免块茎露出土表。

（2）贮藏和运输过程中，做好防光措施，避免散射光长时间照射薯块。

第二节　马铃薯虫害

（一）桃蚜

为害马铃薯的蚜虫有多种，桃蚜、萝卜蚜、甘蓝蚜、菜豆根蚜、棉蚜等。其中以桃蚜［*Myzuspersicae*（Sulzer）］为主要蚜虫。

桃蚜属半翅目蚜科。

图5-84　桃蚜为害叶片

为害特点：桃蚜为害马铃薯有两种方式，一是直接以成虫和若虫群集在叶片和嫩茎上（图5-84），吸食植株汁液，造成叶片卷曲、皱缩、变形，使植株生长不良，产量严重受损；二是成为病毒媒介，有翅蚜是病毒传播的主要蚜型。传播病毒对马铃薯产生间接危害，且该方式的危害性远大于其直接危害，可传播的持久性病毒有马铃薯卷叶病毒，非持久性病毒有马铃薯Y病毒、马铃薯A病毒、马铃薯黄斑花叶病毒、马铃薯卷叶花叶病毒以及马铃薯纺锤茎类病毒等。有些病毒属持久性病毒，蚜虫吸食带毒植株汁液后终生带毒，可以长距离传播；有些病毒属非持久性病毒，蚜虫吸食带毒植株汁液后，病毒位于蚜虫喙针顶端，大约经过1小时后，就会失去传毒力，所以蚜虫传播非持久性病毒的距离有限。

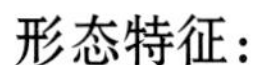

形态特征：

成虫：主要为有翅孤雌蚜，体长约2毫米，腹部有黑褐色斑纹，翅无色透明，翅痣灰黄或青黄色。

若蚜：体小，体色呈淡红色，与无翅胎生雌虫相似。

卵：呈椭圆形，初始为淡绿色，后逐渐变黑褐色。

发生规律：1年发生10～30代，在南方以孤雌胎生，无明显的越冬滞育现象，世代重叠明显。在寄主环境良好的条件下以无翅蚜为主，在寄主环境渐趋恶劣的情况下，如植株水分不够、植株衰老或种群密度过大等情况下，就会产生有翅蚜。桃蚜对黄色、橙色有强烈的趋性，对银灰色有负趋性。

防治方法：

（1）农业防治。铲除田间杂草。

（2）物理防治。用银灰色膜覆盖，可趋避有翅蚜的迁来；挂置黄色粘虫板或多功能房屋型诱捕器诱杀有翅蚜，减少虫口基数。

（3）生物防治。①保护利用天敌，保护瓢虫、食蚜蝇、寄生蜂等天敌，抑制蚜虫发生为害。②可选用1.5%苦参碱可溶液剂300倍液进行喷施。

（4）化学防治。药剂拌种，用60%吡虫啉悬浮种衣剂进行拌种，剂量为20～30毫升兑水1～2升后处理100千克种薯，充分晾干后播种。在蚜虫发生期，可以喷施10%吡虫啉可湿性粉剂、25%噻虫嗪水分散粒剂、5%啶虫脒乳油、2.5%高效氯氟氰菊酯水乳剂、1.5%苦参碱可溶液剂、50%吡蚜酮•异丙威可湿性粉剂等药剂，施用方法详见附录。

（二）马铃薯甲虫

马铃薯甲虫［*Leptinotarsa decemlineata*（Say）］属鞘翅目，叶甲科，是马铃薯生产上的一种毁灭性害虫，是我国对外检疫对象，原产北美，后传入欧洲，主为害马铃薯，也可为害番茄、茄子、辣椒、烟草等作物。

为害特点：以成虫和幼虫啃食马铃薯叶片和嫩尖，被害叶片出现大小不等的孔洞或仅剩主脉，严重时可以在短时间内把马铃薯叶片全部吃光，尤其在马铃薯茎块膨大期，对产量影响大。

形态特征：雌成虫体长9～12厘米，椭圆形，背面隆起，雄虫小于雌虫。背面稍平，体黄色至橙色，头部、前胸、腹部具有黑斑点，鞘翅上各有5条黑纹，头宽于长，具有3个斑点。眼肾形，黑色。触角细长，有11节，第1节粗且长，第2节较第3节短，1～6节为黄色，7～11节为黑色。前胸背板有斑点10多个，中间2个大，两侧各生大小不等的斑点4～5个，腹部每节有斑点4个（图5-85和图5-86）。

图5-85　成虫1

图5-86　成虫2

图5-87　卵

卵：长约2毫米，椭圆形，黄色，多个排成块（图5-87）。

幼虫：共4个龄期，体暗红色，腹部膨胀高隆，头两侧各具瘤状小眼6个和具3节的短触角1个，触角稍可伸缩（图5-88至图5-91）。

蛹：离蛹，椭圆形，长9～12毫米，宽6～8毫米，橘黄色或淡红色（图5-92）。

发生规律：该虫适应能力强，在美国1年发生2代，在欧洲1年1～3代，以成虫在土深7.6～12.7厘米处越冬，翌年土温15℃

时，成虫出土活动，发育适温25～33℃，经补充营养后飞翔交尾，卵块产于叶背，每卵块有20～60粒卵，产卵期2个月，每个雌虫产卵约为400粒。卵期5～7天，初孵幼虫即取食叶片，幼虫期15～35天，四龄幼虫食量占全生育期的77%，老熟幼虫入土化蛹（图5-93），蛹期7～10天，羽化成成虫后继续取食马铃薯叶片。

图5-88　一龄幼虫

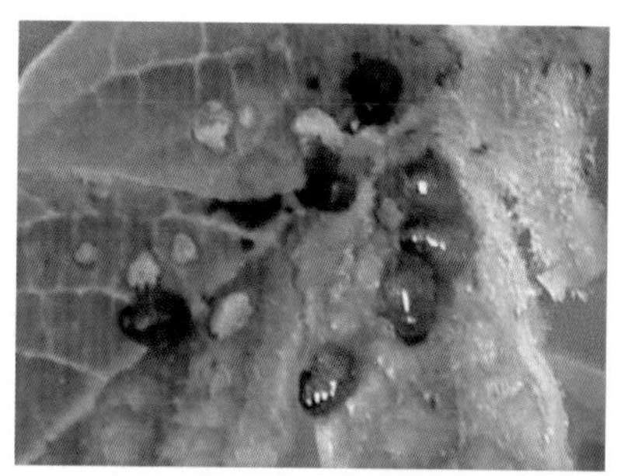

图5-89　二龄幼虫

图5-90　三龄幼虫

图5-91　四龄幼虫

图5-92　蛹

图5-93　入土化蛹

防治方法：

（1）植物检疫。加强植物检疫，严防人为传入，对新传入的区域要及早铲除。

（2）农业防治。在疫情发生区，马铃薯与非寄主作物如小麦、玉米、葱、蒜等作物实行多年轮作，或种植早熟品种，对控制该虫密度具有明显作用。

（3）生物防治。推荐使用苏云金杆菌制剂600倍液。

（三）马铃薯二十八星瓢虫

马铃薯二十八星瓢虫［*Henosepilachna vigintioctomaculata*（Motschulsky）］属鞘翅目瓢虫科。在我国马铃薯主产区均有发生为害。

为害特点：该虫以成虫、若虫取食叶片和嫩茎（图5-94），被害叶片仅留叶脉及表皮，受害叶片形成多个不规则透明的凹纹，后变为褐色斑痕，严重时导致叶片枯萎（图5-95）。

图5-94　成虫取食叶片

形态特征：

成虫：体长7～8毫米，半球形，赤褐色，密披黄褐色细毛。前胸背板前缘凹陷而前缘突出，中央有1条较大的剑状

图5-95　被害叶片

图5-96　成　虫

斑纹，两侧各有1～2个黑色小斑。两鞘翅上各有14个黑斑，鞘翅基部3个黑斑后方的4个黑斑不成直线关联，两鞘翅合缝处有1～2对黑斑相连（图5-96）。

卵：长约1.4毫米，纵立，鲜黄色，有纵纹（图5-97）。

幼虫：体长约9毫米，淡黄褐色，长椭圆状，背部隆起，各节具有黑色枝刺。

蛹：长约6毫米，椭圆形，淡黄色（图5-98）。

图5-97　卵

图5-98　蛹

发生规律：该虫在我国发生1年2～4代，以成虫群集越冬，翌年5月开始活动为害寄主，各地的产卵盛期、幼虫为害盛期不同。越冬代成虫多产卵于马铃薯基部叶背面，越冬代雌虫可产卵400粒，之后每代雌虫产卵数约240粒，20～30粒集中在一起，第1代卵期约6天，第二代卵期约5天，夜间孵化。幼虫分4个虫龄，二龄后分散为害，老熟幼虫多在植株基部茎上或叶背化蛹。成虫以上午10时至下午4时最为活跃，午间多在叶背取食，下午4时后转向叶面取食，成虫、幼虫都有残食同种卵的习性。成虫假死性强，可分泌黄色黏液。

防治方法：

（1）物理防治。利用成虫假死性人工作捕捉成虫、摘除卵块。

（2）化学防治。抓住低龄幼虫期，选用20%氰戊菊酯乳油3 000倍液 。

（四）马铃薯块茎蛾

马铃薯块茎蛾［*Phthorimaea operculella*（Zeller）］属鳞翅目麦蛾科。别名马铃薯麦蛾、烟潜叶蛾，为国内检疫性有害生物。我国山西、甘肃、广东、广西、四川、云南、贵州等马铃薯及烟产区发生。

为害特点：主要以幼虫危害，初孵幼虫潜入叶内蛀食叶肉（图5-99），仅留下叶片表皮，形成不规则线形蛀道，也可钻蛀茎部为害（图5-100），为害严重时嫩茎、叶片枯死，幼苗可全株死亡。幼虫也可在和田间或贮藏期间钻蛀到马铃薯块茎为害（图5-101），块茎受害后形成弯曲蛀道，严重时可蛀空整个薯块，并引起皱缩和腐烂。

形态特征：

成虫：体黄褐色至灰褐色，长5～6毫米，翅展13～15毫米，前翅狭长，中央有4～5个褐斑，后缘有明显的黑褐色斑纹，后翅烟灰色，缘毛长，翅尖突出（图5-102）。

图5-99　幼虫为害叶片
（全国农业技术推广服务中心　提供）

图5-100　幼虫为害茎秆

图5-101　幼虫为害块茎

图5-102　成　虫

卵：约0.5毫米，椭圆形，黄白色至黑褐色，带紫色光泽。

幼虫：体长10～15毫米，灰白色，老熟时呈粉红色或棕黄色（图5-103）。

蛹：长5～7毫米，圆锥形，初始淡绿色，后惭变为棕色至黑褐色，第10节腹节腹面中央凹入，背面中央有一角刺，末端向上弯曲（图5-104）。

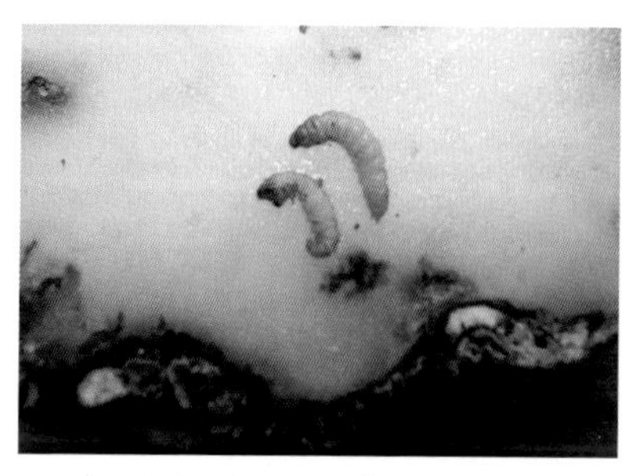

图5-103　幼　虫
（全国农业技术推广服务中心　提供）

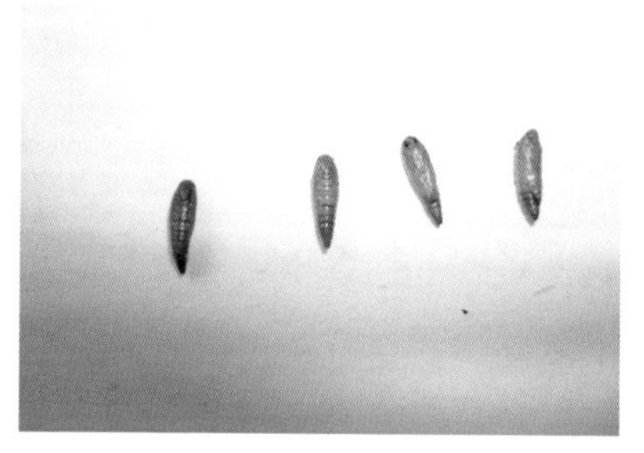

图5-104　蛹

发生规律：以幼虫或蛹在枯叶或贮藏块茎内越冬。马铃薯块茎蛾发生期及年发生代数因地区、海拔高度及气候条件不同而存在明显差异。西南片区每年发6～9代，在田间，为害期在5～11月，在贮藏过程中，为害期在7～9月。成虫昼伏夜出，有趋光性，但飞行能力弱，卵多产于叶脉、茎基部、薯块芽眼及裂缝处，幼虫孵化后在孵化处吐丝结网，蛀入叶片、茎或薯块中，卵期4～20天，幼虫期7～11天，蛹期6～20天。

防治方法：

（1）严格植物检疫。从疫区调入的种薯和未经烤制的烟叶，必须经过熏蒸处理，以杀死各种虫态的块茎蛾。

（2）农业防治。实施与非寄主作物轮作，并及时清洁田园。

（3）物理防治。在疫区利用成虫趋光性安装杀虫灯，诱杀成虫。

（4）生物防治。在低龄幼虫期喷施苏云金杆菌制剂600倍液进行防治。

（5）化学防治。在成虫盛发期用2.5%溴氰菊酯乳油2 000倍液喷雾防治。

（五）蛴螬

又名白土蚕、地狗子，金龟子科幼虫的统称，是马铃薯生产上重要的地下害虫，国内马铃薯主产区均有分布。

主要包括大黑鳃金龟、暗黑鳃金龟、铜绿丽金龟等。

为害特点：该虫主危害期为幼虫期，幼虫主要咬食为害地下嫩根、地下茎和块茎，造成幼苗枯死，田间缺苗断垄（图5-105），块茎受害后，咬食成缺刻或孔洞，引起腐烂（图5-106）。成虫具有飞行能力，可咬食叶片（图5-107）。

图5-105　为害根部

图5-106　为害块茎

图5-107　成　虫

图5-108　蛴　螬

形态特征：蛴螬身体肥大弯曲呈C形，体色多白色，有的黄白色，体壁较柔软，多皱，体表有疏生细毛，头部较大且呈圆形，黄褐色至红褐色，左右生有对称的刚毛，有3对胸足（图5-108），后足较长，腹部10节，第10节称为臀节，上面着生有刺毛。

发生规律：蛴螬的栖息地为土壤中，不同蛴螬种类完成1代所需时间不同，一般为1年1代，或2～3年1代，时期长的达5～6年1代，例如，暗黑鳃金龟、铜绿丽金龟1年1代，大黑鳃金龟，幼虫期为340～400天，为2年1代。蛴螬的活动与土壤温湿度关系密切，研究显示，当地表下10厘米土地温达5℃时开始上升至表土层，在13～18℃时活动最盛，23℃以上则往深土中移动，至秋季土温下降到其适宜温度范围时再向上层土壤移动，土壤湿润则活动性强。以幼虫和成虫在土壤中越冬，幼虫具有假死性，成虫有夜出性和日出性之分，夜出性种类夜晚取食为害，并多具有不同程度的趋光性，而日出性种类则白天在植物上活动取食。

防治方法：

（1）农业防治。①加强预测预报工作。蛴螬属土栖昆虫，生活、为害于地表下，隐蔽性强，并主要在马铃薯苗期为害猖獗，一旦发现受害，往往已错过防治适期，为此必须加强预测预报工作，虫口基数调查一般在在秋后至播种前进行，选择有代表性地块，采取五点式或棋盘式采样法，每10 000米^{2}2～3样点，每点查1米^2，掘土深度30～50厘米，检查土中蛴螬种类、发育期、数量、入土深度等，统计每平方米中平均头数，如每平方米中有蛴螬2头以上，即应采取防治措施。②深翻土壤。对于蛴螬发生重的地块，在深秋或初冬翻耕土壤，深翻的过程中可以直接消灭一部分蛴螬，同时将大量的蛴螬暴露于地表，使其冻死或风干或被天敌啄食、寄生等。避免施用未腐熟的厩肥，减少卵基数，合理灌溉。

（2）物理防治。利用成虫趋光性，设置黑光灯或频振式杀虫灯在夜间诱杀；利用其假死性，在清晨或傍晚振动树枝捕杀成虫；或使用多功能房屋型诱捕器诱杀成虫。

（3）生物防治。可选用150亿/克球孢白僵菌可湿性粉剂800

倍液进行防治。

（4）化学防治。①成虫防治。48%毒死蜱乳油800～1 600倍液或2.5%溴氰菊酯乳油1 500倍液喷雾。成虫出土前，地面撒施5%毒死蜱颗粒剂或5%辛硫磷颗粒剂拌土撒施。②幼虫防治。毒土法用5%毒死蜱颗粒剂或5%辛硫磷颗粒剂，也可用48%毒死蜱乳油1 000倍液灌根。③在播种时用60%吡虫啉悬浮种衣剂进行拌种，100千克种薯推荐使用剂量为20毫升，此法也能兼治金针虫和蝼蛄。

（六）金针虫

金针虫是叩头甲幼虫的统称。主要有沟金针虫（*Agriotes fuscicollis* Miwa）、细胸金针虫（*Agriotes fuscicollis* Miwa），属鞘翅目叩甲科（图5-109和5-110）。

图5-109　叩头甲成虫

图5-110　叩头甲幼虫——金针虫

为害特点：主要以幼虫为害，幼虫在土中钻蛀种薯块茎，取食种薯、萌发的幼芽及植株根部，植株受害后逐渐萎蔫至枯萎致死。也有幼虫钻蛀块茎，在块茎内形成蛀道，使块茎失去商品价值。

形态特征：

沟金针虫：老熟幼虫体长20～30厘米，细长筒形略扁，体壁坚硬而光滑，具黄色细毛，体黄色，前头和口器暗褐色，头扁平，胸、腹部背面中央呈一条细纵沟。

细胸金针虫：末龄幼虫体长约32毫米，宽约1.5毫米，细长圆筒形，淡黄色，头部扁平，口器深褐色，第1胸节较第二、三节稍短。1～8腹节略等长，尾节圆锥形，近基部两侧各有1个褐色圆斑和4条褐色纵纹，顶端具有1个圆形突起。

发生规律：

沟金针虫：2～3年1代，成虫和幼虫均可钻入50～60厘米深的土层中越冬，钻入时地表留有虫洞，由于各地气候、区域等因素，各地越冬代成虫出蛰时间和条件不同，春季温度回升后再由虫洞上升到耕作层，当土温过高时（例如北京地区超28℃以上时），沟金针虫下潜至深土层越夏，待土温下降到18℃左右时，又上升至土表耕作层活动。雄成虫有趋光性。

细胸金针虫：在东北地区3年1代，南方地区不详。6月中下旬羽化，活动能力强，对刚腐烂的禾本科植株有趋性，产卵盛期在6月下旬至7月上旬，卵产于土壤表层，幼虫喜潮湿及微偏酸性的土壤。

防治方法：参见蛴螬。测报调查时，每平方米金针虫数量达1.5头时即采取防治措施。

（七）小地老虎

小地老虎［*Agrotis ypsilon*（Rottemberg）］属鳞翅目夜蛾科。又称土地蚕、地蚕、黑土蚕等，是一种迁飞性、杂食性的地下害虫。

为害特点：主要为害马铃薯幼苗，主要表现为在贴近地表附近把幼苗咬断（图5-111），使得整株苗死亡，造成缺窝断行，幼虫

图5-111　幼虫咬断马铃薯植株

图5-112　被害块茎

低龄期时也咬食嫩叶和块茎，叶片受害后出现缺刻或孔洞，块茎受害后造成孔洞（图5-112）。

形态特征：

成虫：体长16～23毫米，翅展42～54毫米，体深褐色，前翅由内横线、外横线将全翅分为3段，具有显著的肾形斑、环形纹、棒状纹和2个黑色剑状纹，后翅灰色无斑纹。

幼虫：体长37～47毫米，灰黑色，体表布满大小不等的颗粒，臀板黄褐色，具2条深褐色纵带（图5-113）。

卵：长约0.5毫米，半球形，初产时乳白色，后出现红斑纹，后变为灰黑色。

蛹：长18～23毫米，赤褐色，有光泽，第5～7腹节背面的刻点比侧面的刻点大，臀棘为短刺1对（图5-114）。

图5-113　幼　虫

图5-114　蛹

发生规律：年发生代数因地区而异，在我国1年发生1～7代。据报道，该虫在长江流域能以老熟幼虫、蛹及成虫越冬，在两广、云南等南方地区无越冬现象，全年繁殖为害。成虫昼伏夜出，白天潜伏于土缝、杂草丛或其他隐蔽处，夜间活动，交配产卵，卵多产于在5厘米以下矮小杂草上，尤其在贴近地表的叶背或嫩茎上，卵散产或堆产，平均每雌产卵800～1 000粒。幼虫共6个虫龄，三龄前在地面、杂草或寄主幼嫩部位取食，三龄后夜间出来为害，动作敏捷，性残暴，能自相残杀。老熟幼虫具有假死性，受惊缩成环形。成虫对黑光灯和糖醋液有强烈的趋性。该虫喜湿

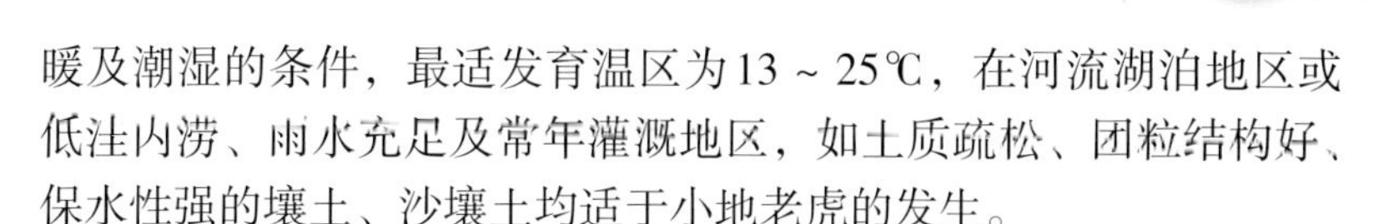

暖及潮湿的条件，最适发育温区为13～25℃，在河流湖泊地区或低洼内涝、雨水充足及常年灌溉地区，如土质疏松、团粒结构好、保水性强的壤土、沙壤土均适于小地老虎的发生。

防治方法：

（1）农业防治。①加强预测预报。通过对成虫的诱集进行发生预测预报，通常的方法是黑光灯或糖醋液，如平均每天每点诱蛾5～10头以上，则表明进入蛾盛发期，高峰期后20～25天即为二至三龄幼虫盛期，为防治适期，如诱蛾器连续两天诱蛾量在30头以上，则表明将趋于大发生。②田园清洁。早春清除田块周边杂草是防治小地老虎重要环节，清除田块周边杂草可有效的减少成虫产卵量。如除草前发现已产卵，先喷药后再除草，防止幼虫钻入土中。

（2）物理防治。①使用黑光灯或频振式杀虫灯诱杀成虫。②配制糖醋液诱杀成虫。配制方法为：糖6份、醋3份、白酒1份、水10份、90%敌百虫1份，某些发酵变酸的食物，如甘薯、胡萝卜、烂水果等加入适量药剂也可诱杀成虫。③堆草诱杀幼虫，选择小地老虎喜食的灰菜、刺儿菜、小旋花、苜蓿、艾蒿、青蒿、白茅、苦荬菜等杂草制成草堆，诱集小地老虎幼虫，人工捕捉或拌入药剂毒杀。④毒饵诱杀。可选用秕谷、麦麸、豆饼、棉籽或碎玉米等做饵料，每千克饵料拌入90%敌百虫30倍液制成毒饵进行诱杀。⑤使用多功能房屋型诱捕器诱杀成虫。

（3）化学防治。在幼虫三龄前，可用50%辛硫磷乳油150～200克兑水200千克灌根，或用90%晶体敌百虫70克、20%氰戊菊酯乳油20毫升、50%辛硫磷乳油70毫升等兑水50～60千克喷雾；或将玉米种子用辛硫磷等药剂进行拌种，可按药1份、水50份、种子500份的比例，拌种后闷4小时再播种。

（八）东方蝼蛄

东方蝼蛄（*Gryllotalpa orientalis* Burmeister）属直翅目蝼蛄科。该虫食性杂，除为害马铃薯外，还能为害十字花科、葫芦科、禾本科、百合科等多科数十种蔬菜。

为害特点：成虫和若虫在地下活动，取食马铃薯薯块和幼苗根部，或用前足撕烂幼苗根部，或将幼苗咬断，造成缺苗断垄。

形态特征：

成虫：体长30～35毫米，灰褐色，腹部色较浅，全身密布细毛，头圆锥形，触角丝状，前胸背板卵圆形，中间具1个明显暗红色长心脏形凹陷斑。前翅灰褐色、较短，后翅扇形、较长、超过腹部末端。前足为开掘足，后足胫节背面内侧有3～4个距，有别于华北蝼蛄。

图5-115　成　虫

卵：初产时乳白色，后惭变为黄褐色，孵化前暗紫色，初时长2.8毫米，孵化前4毫米，椭圆形。

若虫：初孵时呈乳白色，后渐变为褐色，体形与成虫相似。

发生规律：东方蝼蛄在我国南北方年发生代数不一，在北方2年发生1代，南方1年1代，以成虫或若虫在地下越冬，翌年4月份上升到地表活动，其土表洞口可顶起小虚土堆。5月上旬至6月中旬处于最活跃期，也是第一次为害高峰期，6月下旬至8月下旬随着天气炎热，该虫转入地下，9月后随着气温下降，该虫再次上升至地表，开始第二次为害高峰，10月中旬后陆续钻入地下土层中越冬。产卵盛期在6～7月。该虫昼伏夜出，特别是在气温高、湿度大、闷热的夜晚，大量出土活动，早春或晚秋气候凉爽，仅在表土层活动，不到地面上，在炎热的中午常转入深土层中。该虫具趋光性，并对香甜物质具有强烈的趋性。成虫、若虫均喜松软潮湿的壤土或沙壤土。

防治方法：

（1）毒饵诱杀。把秕谷、麦麸等饵料炒香，每667米^{2}用毒饵料4～5千克，加入90%敌百虫30倍水溶液150毫升左右，再加入适量

的水拌匀成毒饵，于傍晚撒于地面，保持地面湿润效果会更好。

（2）可选用40%辛硫磷乳油3～3.75千克/公顷随水浇灌。

（九）华北蝼蛄

华北蝼蛄（*Gryllotalpa unispina* Saussure）属直翅目蝼蛄科。又称大蝼蛄、拉拉蛄、地狗子、土狗子，能为害茄科、烟草、瓜类等多种农作物。

为害特点：成虫、若虫均在地下活动，取食马铃薯地下块茎、根部及幼苗，幼苗常被咬断，根部受害后呈乱麻状，由于该虫在地下活动将表土层窜成许多隧道，使苗根脱离土壤，使之失水而枯死，造成缺苗断垄。

形态特征：

成虫：雄成虫体长39～45毫米，雌成虫体长45～66毫米，体黄褐色，卵形，复眼椭圆形，单眼3个。前胸背板盾形，其前缘内弯，背中间具1个心形暗红色斑，前翅黄褐色平叠在背上，长约15毫米，覆盖腹部不足一半，后翅长30～35毫米，纵卷成筒状（图5-116）。

图5-116　成　虫

卵：长1.8～2.0毫米，椭圆形，初产时呈白色，后变灰色，每卵室约有300～400粒。

若虫：初孵时为乳白色，后变褐色，共12龄，五龄后体色、体形与成虫相似。

发生规律：3年左右完成1代，成虫、若虫在土表下60厘米处越冬，翌年3～5月开始活动，5～6月产卵，每次产卵120～160粒，7月中、下旬孵化为若虫，9～10月若虫经8次蜕皮后越冬，次年继续蜕皮3～4，至秋季达12龄时再越冬，第三年羽化为成虫越冬。该虫多在夜间活动，对马粪等有机质有趋性。

防治方法：

（1）农业防治。避免使用未充分发酵腐熟的马粪等农家厩肥。

（2）物理防治。利用黑光灯进行诱杀。

（3）化学防治。①用马粪拌90%敌百虫进行诱杀。②毒饵诱杀，把麦麸等饵料炒香，每667米^{2}用毒饵料4～5千克，加入90%敌百虫30倍水溶液150毫升左右，再加入适量的水拌匀成毒饵，于傍晚撒于地面，保持地面湿润效果会更好。③可选用40%辛硫磷乳油3～3.75千克/公顷随水浇灌。

（十）茶黄螨

又称侧多食跗线螨、茶半跗线螨、白蜘蛛、嫩叶螨等，是世界性的主要害螨之一。全国均有分布，属杂食性，可为害30多70多种作物，除马铃薯外，主要为害茄果类、瓜类、豆类及苋菜、芥蓝、西芹、落葵、茼蒿等蔬菜。

为害特点：成螨与幼螨、若螨集中在植株幼嫩部位刺吸汁液（图5-117），叶片受害后背面呈灰褐色或黄褐色，叶片增厚僵直，变小变窄，具油质光泽或油浸状（图5-118），叶片边缘向下卷曲，嫩茎受害后，变为黄褐色，扭曲畸形，严重时植株顶端枯死，花蕾受害后不能正常开放，影响产量。成螨个体很小，需借助放大镜等设备才能观察到，因而上述症状常被误认为病毒病或生理性病害。

图5-117　茶黄螨为害叶片

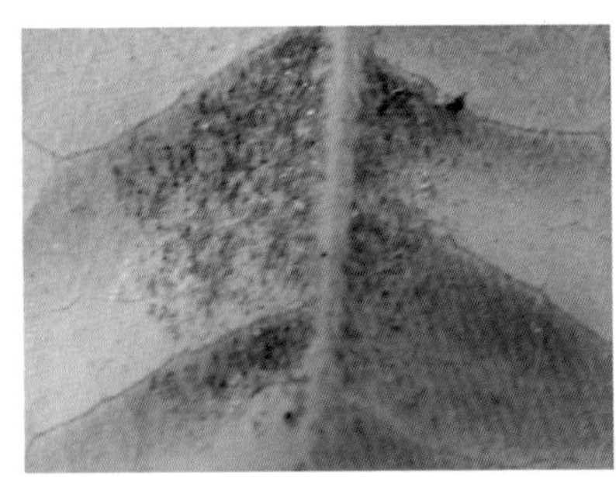

图5-118　受害叶片背面

形态特征：

成螨：雄螨体长约0.19毫米，近六角形，腹部末端圆锥形，前足体3～4对刚毛，腹部后足体有4对刚毛，足较长而粗壮，第3、4对足的基节相连，第4对足足胫、跗节细长，向内侧弯曲，远端1/3处有1根特别长的鞭毛，爪退化为纽扣状。雌螨体长约0.21毫米，宽椭圆形，腹部末端平截，淡黄色至橙黄色，表皮薄而透明，体背有一条纵向白带，足短，第4对中纤细，其中跗节末端有端毛和亚端毛。腹面后足体部有4对刚毛（图5-119）。

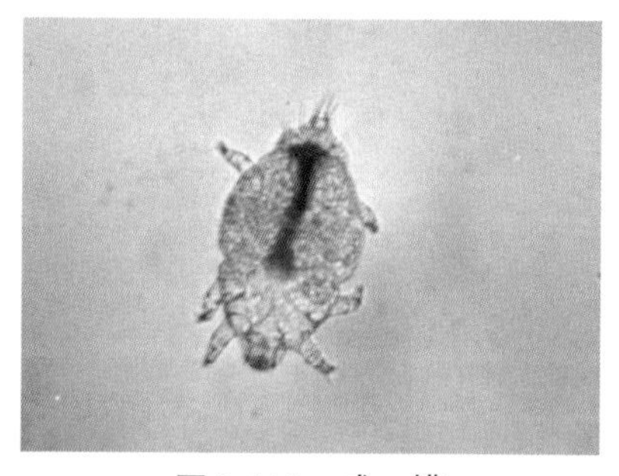

图5-119　成　螨

幼螨：体背有一条白色纵带，足3对，腹末有1对刚毛。

若螨：长椭圆形，为静止的生长发育阶段，外面罩着幼螨的表皮。

发生规律：一年多代，有世代重叠现象。以成螨在土缝、杂草根际处等隐蔽场所越冬，翌年把卵散产于芽尖或嫩叶背面，雌虫产卵数量不一，多的可产100余粒，多产于嫩叶背面及嫩茎处，卵期2～3天。该虫靠爬行、风力及人的农事操作传带扩散蔓延。开始发生时有明显点片阶段，4～5月数量较少，6月后大量发生，5月底至6月初可出现严重受害田块。茶黄螨繁殖快，喜温暖潮湿，对温度要求高，适宜发育繁殖的温度在15～30℃，25℃时完成1代平均历期为12.8天，数量增长31倍，30℃时历期为10.5天，数量增长13.5倍。35℃以上幼螨和成螨死亡率高，孵化率显著降低。成螨活跃，尤其雄螨，当取食部位变老时，立即携带雌螨和若螨向新的幼嫩部位转移。雌雄螨以两性生殖为主，后代中雌螨多于雄螨，卵和幼螨对湿度要求高，只有在相对湿度达到80%以上才能发育，因此温暖多湿的环境有利于茶黄螨的发生。

防治方法：

（1）农业防治。消灭越冬虫源，铲除田边杂草，清除田中残株败叶，降低田间湿度。

（2）生物防治。①保护、释放巴氏钝绥螨防治茶黄螨。②选用0.5%藜芦碱可溶液剂300倍液进行喷雾防治

（3）化学防治。发生严重时，喷施24%螺螨酯悬浮剂3 000倍液、99% SK矿物油乳油150倍液。

（十一）假眼小绿叶蝉

假眼小绿叶蝉［*Empoasca vitis* Gothe.］属半翅目叶蝉科。又名假眼小绿浮尘子、叶跳虫等。主要为害茶树、大豆、花生、十字花科蔬菜、马铃薯、烟、桑、桃树等多种植物。

危害特点：常以成虫、若虫栖息在嫩叶背面刺吸叶片汁液危害，引起叶色变黄，削弱植株长势，成虫产卵在嫩梢内，阻碍物质输导，水分蒸发量增加，被害植株生长受阻。若虫怕阳光直射，常栖息在叶背面危害，严重影响生产，造成减产，有研究报道称，部分马铃薯病毒为叶蝉传播。

形态特征：

成虫：体长约3毫米，淡绿色，头部向前突出，头冠中长短于2个复眼间宽度，近前缘中央处有2个黑色小点，基域中央有灰白色线纹，复眼灰褐色，颜面色泽较黄，前胸背板前缘弧圆，后缘微凹，前域灰白色斑点，小盾片基域具灰白色线状斑，前翅微带黄绿色，透明，后翅也透明，腹部背面黄绿色，腹部末端淡清绿色（图5-120）。

图5-120　为害叶片

若虫：类似于成虫，长2.5～3.5毫米。

卵：长约0.6毫米，椭圆形，乳白色。

生活习性：1年发生多代，以成虫在植株的叶背隐蔽处或植株间越冬，3月下旬越冬成虫开始活动，取食嫩叶为害，危害高峰期在6月初至8月下旬。

防治方法：

（1）农业防治。加强田园管理，秋冬季节，彻底清除落叶，铲除杂草，集中烧毁，消灭越冬成虫。

（2）物理防治。挂置蓝色或黄色粘虫板诱杀。

（3）生物防治。可选用400亿孢子/升球孢白僵菌可湿性粉剂，用量为20～30克/亩。

（4）化学防治。越冬成虫开始活动时，以及各代若虫孵化盛期可选用70%吡虫啉水分散粒剂3 000倍液、10%醚菊酯悬浮剂600～1 000倍、2.5%溴氰菊酯乳油1 000～1 500倍液。

（十二）大青叶蝉

大青叶蝉［*Cicadella viridis*（Linnaeus）］属半翅目大叶蝉科。又名大浮尘子、菜蚱蜢、青头虫等。全国各地均有发生，除为害马铃薯外，还为害十字花科、豆科、茄科、伞形花科、菊科等多种作物。

为害特点：以成虫和若虫刺吸马铃薯植株汁液，导致寄主细胞坏死，叶片褪色、畸形或卷缩，甚至枯死，并可传播病毒病。

形态特征：

成虫：体长8～9毫米，雄虫较雌虫略小，头部黄色，头顶有1对黑斑。前胸背板宽阔，黄色，靠后缘具绿色三角形大斑。前翅绿色，前缘淡白色，末端透明至灰白色。足黄白至橙黄色，跗节3节。卵呈香蕉形，乳白至黄白色（图5-121）。

图5-121　成　虫

若虫：与成虫相似，共5龄，初龄灰白色；二龄若虫淡灰色微带黄绿色，三龄若虫灰黄绿色，胸腹背面有4条褐色纵纹，出现翅芽，四至五龄体色同三龄。

发生规律： 在北方年发生3代，以卵在树枝皮内越冬。翌年4月孵化，于马铃薯、杂草等作物上为害。第1代成虫出现于5月下旬，第2代出现于6月末至7月末，第3代出现于8月中旬至9月中旬。1～2代卵发育历期为9～15天，越冬代达5个月。第1代若虫发育历期40～47天，第2代22～26天，第3代23～27天。成虫交配后次日即可产卵，多产于寄主叶背主脉组织中，卵痕月牙状，每处3～15粒，排列整齐。第3代成虫羽化后20天交配产卵。每雌产卵在4～60粒左右。初孵若虫具群集性，成虫有强趋光性。早上与傍晚气温相对低时，成虫和若虫潜伏不动，中午气温偏高时活跃。

防治方法：

（1）农业防治。清除田间杂草，减少田间虫源。

（2）物理防治。在成虫发生期用黑光灯或频振式杀虫灯进行灯光诱杀。

（3）生物防治。保护和利用天敌昆虫和捕食性蜘蛛。

（4）化学防治。参见假眼小绿叶蝉。

（十三）豌豆潜叶蝇

豌豆潜叶蝇［*Chromatomyia horticola*（Goureau）］属双翅目潜蝇科。全国除西藏外均有发生。又名豌豆彩潜蝇，除为害马铃薯外，主要为害豌豆、荷兰豆、蚕豆、扁豆、菜心、白菜、结球莴苣、苦菜、樱桃萝卜、番茄、西瓜等多种作物。

图5-122　受害叶片

为害特点： 主要以幼虫在叶片组织中蛀食叶肉，只留上下表皮，形成迂回曲折的隧道（图5-122），发生严重时全株枯萎，从而影响马铃薯品质与产量。

形态特征：

成虫： 体暗灰色，体长2～

3毫米，翅展5 ~ 7毫米。头部黄色，短而宽，复眼椭圆形，红褐色，触角3节，短小、黑色。胸部发达，透明翅1对，有紫色闪光，后翅退化为平衡棒，黄色至橙黄色。

卵：椭圆形，长约0.3毫米，乳白色至灰色，略透明。

幼虫：蛆状，体长2.9 ~ 3.5毫米，前端可见能伸缩的口钩，体表光滑柔软。

蛹：卵圆形，略扁，长约2.5毫米，初为黄色，后渐变为黑褐色。

发生规律：华北地区1年5代，江西12 ~ 13代，广东近20代。以蛹越冬，在秦岭以南至长江流域少数幼虫、成虫也可越冬，华南地区周年发生。早春气温回暖后虫口数量逐渐上升，春末夏初达到猖獗为害时期。气温超过35℃时有蛹期越夏现象。成虫白天活动，吸食花蜜，也可在寄主叶面吸食汁液，形成许多不规则小白点，对甜液有较强的趋性，补充营养后产卵，卵散产，多产于叶背边缘叶肉上，尤以叶尖居多。成虫寿命一般7 ~ 20天，每雌产卵45 ~ 98粒，卵期8 ~ 11天。幼虫孵化后即潜入叶片中蛀食叶肉。幼虫期5 ~ 14天，共3龄，老熟后在蛀道末端化蛹，蛹期5 ~ 16天。

防治方法：

（1）农业防治。早春及时清除田内和周边杂草及带虫老叶，收获后及时进行田园清洁，妥善处理带有幼虫和蛹的叶片，减少虫口数量。

（2）物理防治。在越冬代成虫羽化盛期，自制诱杀剂点喷部分植株诱杀成虫。诱杀剂用甘薯或胡萝卜煮成汁液，加0.05%敌百虫可溶粉剂相配，每隔3 ~ 5天点喷1次，连喷5 ~ 6次。

（3）化学防治。田间虫株率达70%以上，百株幼虫潜道数量接近100时为第1次施药适期。可选用1.8%虫螨克乳油2 500 ~ 3 000倍液、50%灭蝇胺乳油4 000 ~ 5 000倍液、52.25%农地乐乳油1 000 ~ 1 500倍液等药剂进行喷雾。

（十四）美洲斑潜蝇

美洲斑潜蝇［*Liriomyza sativae* Blanchard.］属双翅目潜蝇科。

又名蔬菜斑潜蝇、美洲甜瓜斑潜蝇、苜蓿斑潜蝇。除内蒙古、新疆、西藏外，全国均有分布。该虫寄主范围极广，有26科312种作物，马铃薯是其中重要寄主之一。

为害特征：主要以幼虫钻蛀叶片为害，取食叶肉，形成许多先细后宽的蛇形弯曲隧道，多为白色（图5-123），有的后期变为铁锈色，其内交替排列整齐的黑色粪便，一般1虫1道，1头老熟幼虫1天可潜食3厘米左右，严重时叶片在很短时间内就被钻花干枯，成虫产卵和取食还刺破叶片表皮，形成针尖大小近圆形白色坏死的产卵点和取食点，严重影响植株光合作用。

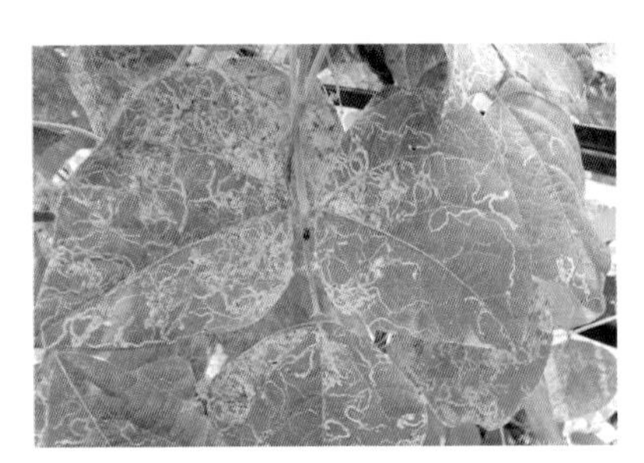

图5-123　受害叶片

形态特征：

成虫：体长1.3 ~ 2.3毫米，雌虫稍长于雄虫，淡灰黑色，体腹面黄色，额鲜黄色，侧额上面部分色深，小盾片鲜黄色至金黄色，前盾片和盾片黑色，有光泽，触角第3节黄色，中胸背板黑色，翅长1.3 ~ 1.7毫米，足基节和腿节鲜黄色。

卵：较小，米色，半透明，产于植株叶片内。

幼虫：蛆状，初无色，后变为橙黄色，长约3毫米，后气门突呈圆锥状突起，顶端三分叉，各具1开口。

蛹：椭圆形，橙黄色，腹部稍扁平。

发生规律：在北方年发生8 ~ 9代，冬季露地不能越冬，保护地可周年发生。雌虫刺伤寄主植物叶片，作为取食和产卵的场所，导致叶片中大量细胞死亡，形成肉眼可见的灰白色刺点。雄虫不具刺伤叶片的能力，只能在雌虫造成的伤口上取食。卵产于叶片表皮下，数量因温度和寄主差异而不同。幼虫孵化后用口钩刮食叶片的栅栏组织，残留表皮，形成白色的蛇形隧道。幼虫昼夜可取食，随着龄期的增加虫道不断加粗变长，可根据虫道宽度和虫粪的长度变化判断幼虫的龄期。幼虫老熟后钻出叶面，在叶面或土壤表层化蛹。成虫羽化多集中于上午，温度越高，羽化高峰越早，26.5℃是最适的取食、产卵温度。卵期2～5天，幼虫期4～7天，蛹期7～14天，每世代夏季2～4周、冬季6～8周。

防治方法：

（1）农业防治。①在发生重的区域实行与非喜食性作物轮作。②收获后及时清除田间植株残体和周边杂草，有虫残体必须高温堆沤处理，杀灭残存虫蛹。③种植前耕翻土壤30厘米以上，增加中耕和浇水，杀灭虫蛹，减少田间虫口基数。④加强田间调查，及时发现受害叶片并摘除，集中处理。

（2）物理防治。①采用灭蝇纸诱杀成虫，在成虫始发期至盛期末，每667米^{2}设置15个诱杀点诱杀成虫，3～4天更换1次。②悬挂橙黄色粘虫板，诱杀成虫。

（3）生物防治。美洲斑潜蝇的天敌较多，如瓢虫、草蛉、蜘蛛等，保护利用天敌能有效地控制种群数量。

（4）化学防治。选择低龄幼虫期（虫道长度在2厘米以下）开展药剂防控，可选择的药剂有1.8%虫螨克乳油2 500～3 000倍液、52.25%毒死蜱乳油1 000～1 500倍液、50%灭蝇胺乳油4 000～5 000倍液等，药剂轮换交替使用。

（十五）南美斑潜蝇

南美斑潜蝇［*Liriomyza huidobrensis*（Blanchard）］属双翅目潜蝇科。又名拉美斑潜蝇、拉美豌豆斑潜蝇等，已明确的寄主植物有39科287种，包括十字花科、伞形花科、葫芦科、菊科、茄科、豆科等，其中马铃薯是其重要的寄主之一。

为害特点：以幼虫和成虫为害。幼虫在寄主叶片中潜食叶肉，多从主脉基部开始危害，形成弯曲较宽的虫道，沿叶脉伸展，但不受叶脉限制，若干虫道连成一片形成一个取食斑，叶片受害后期枯黄死亡。幼虫还为害嫩茎，在表皮下纵向取食，致使植株生长缓慢，重者茎尖枯死，也为害叶柄。成虫产卵、取食刺破叶片表皮，形成较粗大的产卵点和取食点，致使叶片水分散失，生理机能受抑制。

形态特征：

成虫：体长1.3～1.8毫米，较美洲斑潜蝇稍大。额黄色，侧额上面部分较黑，内、外顶鬃均着生于黑色区域，触角第3节一般棕黄色，中胸背板黑色有光泽，小盾片黄色，翅长1.7～2.25毫米，雄虫外生殖器的端阳体与中阳体仅以膜囊相连，足基节黑黄色，腿节基色为黄色，有大小不一的黑纹，内侧有黄色区域，胫、跗节黑色，有时也呈棕色。

卵：椭圆形，微透明乳白色状。

幼虫：初孵时呈透明状，后变为乳白色，个别略显黄色，老熟后体长2.3～3.2毫米，后气门每侧具6～9个孔突和开口。

蛹：淡褐色至黑褐色，腹面略扁平。

发生规律：该虫主要在保护地越冬，过冷却点和体液冰点分别为-12.27℃和-11.01℃，相较美洲斑潜蝇更具耐寒力。喜温凉、耐低温、抗高温能力差，世代重叠现象严重。生长发育最适温度为18～25℃，30℃以上高温或干燥条件对成虫羽化、产卵及取食都有明显抑制作用。成虫多在上行羽化，可取食花蜜，羽化当即可进行交配，具趋黄性和在寄主植株上层顶端飞翔活动特性，刚羽化的成虫具趋光性。成虫期5～25天，雌雄虫可多次交配，卵产在叶表皮下，平均每雌产卵量在550粒左右，最高可产780粒左右，幼虫老熟后钻出叶片，在叶表面或表层土壤中化蛹。

防治方法：参见美洲斑潜蝇。

（十六）豆芫菁

豆芫菁［*Epicauta gorhami* Marseul］属鞘翅目芫菁科。又名白条芫菁、锯角豆芫菁，我国大部分地区均有分布，主要为害豆科、茄科蔬菜，也可为害苋菜等作物。

为害特点：以成虫群集为害，取食马铃薯叶片，造成缺刻或孔洞（图5-124），严重时能将植株叶片食尽，影响马铃薯产量和质量。

形态特征：

成虫：体长12 ~ 25毫米，宽2.5 ~ 5毫米，体黑色，具有绒毛和刻点，头部红色，具有一对扁平黑疣，近复眼内侧黑色，额中央有一条赤纹。雌虫触角丝状，第1节外方赤色，雄虫触角第3 ~ 7节扁平，非栉状，上有一纵凹沟。前胸背板中央有1灰白色纵纹。鞘翅黑色，在鞘翅中央各有灰白色纵纹，鞘翅周缘灰白色。前足胫节具2个尖细端刺，后足胫节具2个短而等长的端刺（5-125）。

图5-124　受害叶片

图5-125　成　虫

卵：长圆形，一端较尖，初产时淡黄色，后渐变黄色。

幼虫：复变态，各龄形态不同，一龄时三爪蚴、蛃形；二至四龄蛴螬形，乳白色，全向被一层薄膜，胸足呈乳状突。

蛹：灰黄色，长约15毫米，翅芽稍淡，复眼黑色。

发生规律：华北年发生1代，华中和华南地区年发生2代。华北地区以5龄幼虫越冬，翌年春季继续发育至六龄，6月中旬化蛹。成虫于6月下旬至8月中旬出现为害并交尾产卵。幼虫自7月中旬开始孵化，在土中生活，8月中旬发育至五龄即在土中越冬。成虫喜在白天群集为害，喜食嫩叶、嫩茎，有迁飞习性。成虫受惊后迅速散开或坠落地面藏匿。羽化后4 ~ 5天开始交尾产卵，卵产于离地表5厘米处卵穴中，每穴产卵70 ~ 150粒，排成菊花状，以土封口，每雌虫能产卵400 ~ 500粒。幼虫具假死性，受惊后腹部卷曲不动，以蝗虫卵或土蜂巢内幼虫为食源。卵期18 ~ 21天，成虫寿命为30～35天。

防治方法：

（1）农业防治。重发生地块进行秋翻或冬耕，减少越冬虫蛹。在成虫点片发生时用捕虫网人工捕捉成虫。

（2）化学防治。抓住低龄幼虫期选用20%氰戊菊酯乳油3 000倍液。

（十七）甜菜夜蛾

甜菜夜蛾［*Spodoptera exigua*（Hübner）］，属鳞翅目夜蛾科。又称贪夜蛾，属杂食性害虫，主要为害粮食、油料、果树、苗木、烟草、蔬菜、马铃薯等30多科近200多种作物。

为害特征：该虫主要以幼虫啃食马铃薯植株叶片为害（图5-126），初孵幼虫群集叶背，吐丝结网，在网内取食叶肉，留下表皮，严重时仅剩下叶脉和叶柄，也能以幼虫钻蛀块茎为害，为害时粪便残留在块茎内造成污染，使得马铃薯块茎失去商品价值。

形态特征：

成虫：灰褐色，头、胸有黑点，体长8～10毫米，翅展19～25毫米，前翅灰褐色，基线仅前段有双黑纹，内横线双线黑色，波浪形外斜，剑纹为一黑条，肾纹和环纹都是粉黄色，中央褐色，黑边，中横线黑色，波浪形，外横线双线黑色，锯齿形，前、后端的线间白色；亚缘线也白色呈锯齿形，两侧有黑点，外侧在M1处有一较大的黑点。后翅白色，翅脉及缘线黑褐色。

卵：呈白色圆球形，成块产于叶面或叶背，8～100粒不等，排为1～3层，外覆白色绒毛。

幼虫：老熟幼虫长约22毫米，体色多变，背线有或无，颜色各异，腹部气门下线为明显黄白色纵带，有时带粉红色，纵带末端直达腹部末端，不弯到臀足上。各节气门后上方具1个明显白点（图5-127）。

蛹：黄褐色，长约10毫米，中胸气门显著外突，臀棘上有刚毛2根，其腹面基部也有2根极短刚毛。

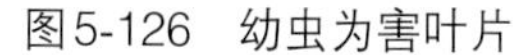

图5-126　幼虫为害叶片

图5-127　幼　虫

发生规律：该虫喜温性，在我国从北向南年发生4～7代。以蛹在土室内越冬。越冬蛹发育起点10℃，有效积温220℃，成虫发育最适温度20～23℃，相对湿度50%～75%，有趋光性，夜间活动，产卵期为3～5天，卵期为3～6天，幼虫一般为5龄，三龄前群集为害，食量少，四龄后食量暴增，有假死性，白天蛰伏，晚间活动取食，当虫口密度过高时有互相残杀的习性，幼虫老熟后，钻入地下4～10厘米土层化蛹，蛹期7～11天，幼虫抗寒能力弱，在2℃以下经数日即大量死亡。

防治方法：

（1）农业防治。秋季或冬季翻耕土壤，消灭越冬蛹，减少田间虫口基数。结合田间管理，及时摘除卵块和未扩散的低龄低幼虫，捕捉高龄幼虫。

（2）物理防治。田间设置频振式杀虫灯或黑光灯诱杀成虫。

（3）生物防治。生物防治：①低龄幼虫期时可选用100亿/毫升短稳杆菌悬浮剂600～800倍液、100亿PIB/克斜纹夜蛾核型多角体病毒悬浮剂60～80毫升/亩等生物药剂进行防治。②保护寄生蜂等天敌。

（4）化学防治：在幼虫低龄盛期喷洒25%灭幼脲悬浮剂4 000倍液、20%虫酰肼悬浮剂13.5～20克/亩、4.5%高效氯氰菊酯乳油600倍液、2.5%高效氯氟氰菊酯乳油600倍液、1%甲氨基阿维菌素苯甲酸盐乳油1 000倍液、2.5%溴氰菊酯乳油1 000倍液等低毒、低残留化学农药。

（十八）甘蓝夜蛾

甘蓝夜蛾［*Mamestra brassicae* Linnaeus］属鳞翅目夜蛾科。又称甘蓝夜盗蛾，国内均有分布。除能为害马铃薯外，还能为害甘蓝、白菜、菠菜等45科100多种作物。

为害特征： 以幼虫为害植株叶片，初孵幼虫群集叶背取食叶肉（图5-128），残留表皮，三龄前将叶片啃食中孔洞或缺刻，四龄后分散为害，昼夜取食，幼虫老熟后白天蛰伏在根际土中，夜间出来为害。发生严重时能把叶肉吃光，仅剩叶脉和叶柄（图5-129），当为害处叶片取食殆尽后，幼虫群体迁移至另一处为害。

图5-128　幼虫取食叶片

图5-129　严重受害田块

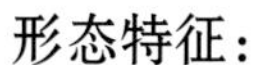

形态特征：

成虫：体长20毫米，翅展45毫米，棕褐色。前翅有明显的环形斑纹和肾形斑纹，后翅外缘有1个小黑斑。

卵：呈半球形，初为淡黄色，顶部有1个棕色乳突，表面具纵脊和横格（图5-130）。

幼虫：体长40毫米左右，体色多变，老熟后约50毫米，头部褐色，胴部腹面淡绿色，背面呈黄绿色或棕褐色。褐色型各节背面具倒“八”字纹（图5-131）。

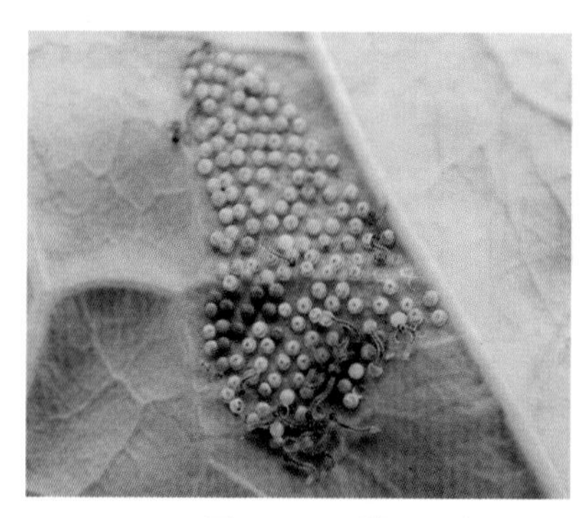

图5-130　卵

图5-131　幼　虫

蛹：长约20毫米，棕褐色，臀棘为2根长刺，端部膨大。

发生规律：该虫在我国东北、西北、华北及西南等地均有发生，不同区域年代数不同，在黑龙江1年发生2代，在内蒙古、华北1年2～3代，陕南及西南区域1年发生4代。以蛹在土室中越冬。该虫最适发育温度为18～25℃，相对湿度为70%～80%，温度低于15℃或高于30℃及相对湿度低68%或高于85%均不利于甘蓝夜蛾的发生。幼虫共6龄，孵化后有先吃卵壳的习性，初孵幼虫因前2对腹足未成形，爬行时有如尺蠖，群集叶背进行啃食，二至三龄后开始分散取食为害，一般仍在产卵处周围的植株上，四龄后食量大增，五至六龄为暴食期，整个幼虫期30～35天，发育适温为20～24.5℃，老熟后入土6～7厘米做土茧化蛹。蛹发育适温为20～24℃，发育历期为10天左右，但越夏蛹期可长达2个月、北方越冬蛹历期可长达半年以上。成虫发生期有无蜜源植物对成虫寿命和产卵量有显著影响，成虫对黑光灯和糖蜜气味有较强的趋性，喜在植株高而密的田间产卵，卵多产于寄主叶背，为单层块状，每块在100～200粒，每雌虫可产卵1 000～2 000粒。该虫常常表现为间歇性暴发，在冬季和早春温度和湿度适宜时，羽化期早而较整齐，易出现暴发性灾年。

防治方法：

（1）农业防治。翻耕土壤，消灭越冬蛹，减少田间虫口基数。

（2）物理防治。①田间设置黑光灯诱杀成虫。②利成虫趋糖醋性，配制食物源诱剂诱杀成虫。配制方法为酒：醋：水=6：3：1，再加少许敌敌畏（5～10滴即可），在成虫发生高峰期前，用瓶装好放在地块中进行诱杀。

（3）生物防治。①保护赤眼蜂、寄生蝇、草蛉等天敌，生态控制甘蓝夜蛾的发生为害。②在低龄幼虫期时可选用100亿/毫升短稳杆菌悬浮剂600～800倍液、100亿PIB/克斜纹夜蛾核型多角体病毒悬浮剂60～80毫升/亩等生物药剂进行防治。

（4）化学防治。在幼虫低龄盛期喷洒25%灭幼脲悬浮剂4 000倍液、20%虫酰肼悬浮剂13.5～20克/亩、4.5%高效氯氰菊酯乳油600倍液、2.5%高效氯氟氰菊酯乳油600倍液、1%甲氨基阿维菌素苯甲酸盐乳油1 000倍液、2.5%溴氰菊酯乳油1 000倍液等低毒、低残留化学农药。

（十九）草地螟

草地螟［*Loxostege sticticalis* Linnaeus］属鳞翅目螟蛾科。又名黄绿条螟、甜菜网螟、网锥额野螟。主要分布于北方地区，食性杂，除为害马铃薯外，还为害十字花科、豆科、葫芦科、伞科、禾本科、百合科等多种作物。

为害特征：主要以幼虫为害，幼虫孵化后取食叶片叶肉，残留表皮，三龄后食量大增，将植株叶片吃成孔洞和缺刻，严重时

仅留叶脉，虫口密度大，也为害嫩茎等部位。

形态特征：

成虫：体长8～12毫米，翅展24～26毫米，体灰褐色，前翅具暗褐色斑，翅外缘有淡黄色条纹，中室有1个较大的长方形黄白斑，后翅灰色，近翅基部色较淡，沿外缘有两条黑色平行的波纹（图5-132）。

卵：椭圆形，乳白色，有光泽，多粒覆瓦状排列卵（图5-133）。

幼虫：老熟后体长19～22毫米，头黑色有白斑，胸、腹部黄绿色或暗绿色，有明显纵行暗色条纹，周身有毛瘤，毛瘤部黑色，有两层同心的黄白色圆环（图5-134）。蛹浅黄色，长约14毫米。土茧长30～40毫米，宽3～4毫米（图5-135）。

生活习性：年发生2～4代，以老熟幼虫在土内吐丝作茧越冬。翌年5月左右化蛹、羽化。成虫白天潜伏在草丛及作物田间，夜晚活动，飞行能力弱，具趋光性，喜食花蜜。卵散产于叶背主脉两侧，一般3～4粒在一处，多产于离地面2～8厘米处的茎叶上。幼虫共5龄，初孵幼虫多集中在枝梢上结网躲藏，取食叶肉。

图5-132　成　虫

图5-133　卵

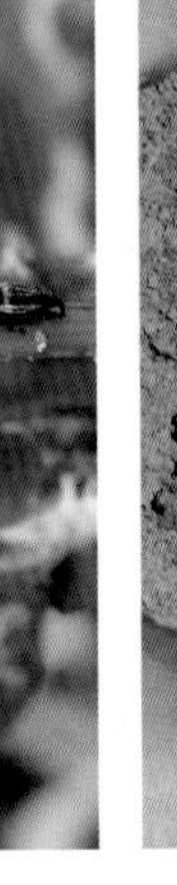

图5-134　幼　虫

图5-135　蛹及土茧

幼虫老熟后，钻入土层4～9厘米作袋状丝质茧。

防治方法：

（1）农业防治。①对虫源集中田块进行深耕冬灌，可有效减少虫口基数，②与非喜食作物轮作，减轻为害。

（2）物理防治。利用该虫趋光性，设置黑光灯或频振式杀虫灯诱杀成虫，减少田间产卵量。

（3）化学防治。在幼虫低龄盛期喷洒25%灭幼脲悬浮剂4 000倍液、20%虫酰肼悬浮剂13.5～20克/亩、4.5%高效氯氰菊酯乳油600倍液、2.5%高效氯氟氰菊酯乳油600倍液、1%甲氨基阿维菌素苯甲酸盐乳油1 000倍液、2.5%溴氰菊酯乳油1 000倍液等低毒、低残留化学农药。

（二十）短额负蝗

短额负蝗［*Atractomorpha sinenis* Bolivar］属直翅目蝗科。又名中华负蝗、尖头蚱蜢、小尖头蚱蜢，在华东和华北地区发生较普遍。除马铃薯外，还能为害十字花科、豆科、葫芦科等科的作物。

为害特点：若虫和成虫取食叶片，将叶片孔洞或缺刻，影响作物生长。

形态特征：

成虫：绿色，冬型褐色，棱形，雄虫体长17～29毫米，雌虫30～35毫米，头尖，绿色型自复眼起向斜下有1条粉红纹，触角至单眼距约等于触角第1节宽。复眼后沿头顶两侧具粉红色线，上有一列浅黄色瘤状突起。前胸腹板两侧边缘具粉红色条纹和一列淡黄色瘤状突起，与头部、中胸的线和瘤相联结。前翅超过腿端部分约占翅长1/3，后翅基部红色，端部淡绿色，后足腿节细长（图5-136）。

图5-136　成　虫

若虫：共5龄，一龄蝗蝻黄绿色，散生疣粒，前、中足褐色，二至三龄后渐变绿色。五龄蝗蝻前胸向后方突出较大，似成虫。

卵：长椭圆形，长3～4毫米，在卵囊内斜排成3～5行，黄褐色，中间稍凹陷，一端较粗钝。

发生规律：华北地区年1～2代，以卵在在荒地草稀处或沟侧土中越冬，年发生1代的地区5月下旬至6月中旬为孵化盛期，7～8月羽化为成虫。年发生2代的地区越冬卵于5月下旬孵化，7月上旬羽化为成虫，中、下旬交尾产卵，8月上旬出现第二代蝗蝻，9月上旬羽化为成虫，下旬交尾产卵，至10月成虫相继死亡。此虫喜栖息在潮湿、双子叶植物茂密丛生的环境，通常沟渠两边双子叶植物生长茂密发生较多。成虫和若虫善于跳跃，上午11时以前和下午3～5时取食最强烈。7～8月因天气炎热，大量取食时间在上午10时以前和傍晚，其他时间多在作物或杂草中躲藏。

防治方法：

（1）农业防治。铲梗、翻梗，彻底清除田边、地头和沟渠旁的杂草，杀灭蝗卵。

（2）生物防治。①保护青蛙、蟾蜍和鸟类等天敌，控制蝗虫危害。②在农牧交错区域的蝗区，使用生物制剂进行超低量喷雾防治，不但可以降低当年虫口密度，而且可以持续减少蝗虫种群数量。可选用浓度为2×109个孢子/亩的蝗虫微孢子虫制剂或用绿僵菌、苦皮藤素、狼毒素等生物制剂。

（3）化学防治。用40%辛硫磷乳油1 500倍液、2.5%溴氰菊酯乳油3 000倍液、40.7%毒死蜱乳油1 500倍液、5%定虫隆乳油1 000倍液。在农田草场交错地带打60～100米保护带，发生严重的农田进行全面喷药防治。施药时雾滴要细，喷雾要均匀，最好用机动喷雾机进行低容量喷雾。对作物进行喷药防治的同时，也要对田埂、地边的杂草进行喷药防治。

第六章 马铃薯晚疫病预警技术

在马铃薯生产上，由于大多数品种对马铃薯晚疫病不抗病，国内外主要依靠化学防治控制该病危害，为了提高施药的针对性和防治效果，近100年来科研人员一直致力于晚疫病预警技术的研究和应用。

第一节　CARAH模型技术

比利时是欧洲马铃薯生产管理水平较高的国家，由比利时诶诺省的农业应用研究中心（Centre for applied research in agriculture-Hainaut，CARAH）研发，从1986年开始在比利时运用，从未出现过失误。该模型技术是以田间菌源和感病品种同时存在的基础上，以田间区域气象因子的变化实现对马铃薯晚疫病的预测预警。

一、有关术语与定义

1. 出苗始见期　马铃薯晚疫病监测区域内第1株出苗的日期。
2. 侵染湿润期　在平均温度7℃以上、相对湿度大于90%，致病疫霉在马铃薯植株上萌发并侵染所需时间。侵染严重程度、湿润期持续时间及湿润期间平均温度的关系参数，见表6-1。

表6–1　致病疫霉侵染严重程度、湿润期持续时间和湿润期间平均温度的关系参数

湿润期间平均温度（℃）	湿润期持续的时间（小时）			
	轻	中等	重	极重
7	16.30	19.30	22.30	25.30
8	16.00	19.00	22.00	25.00
9	15.30	18.30	21.30	24.30
10	15.00	18.00	21.00	24.00
11	14.00	17.30	20.30	23.30
12	13.30	17.00	19.30	22.30
13	13.00	16.00	19.00	21.30
14	11.30	15.00	18.00	21.00
15	10.45	14.00	17.00	20.00
16	—	13.00	16.00	19.00
17	—	12.00	15.00	18.00
18	—	11.00	14.00	17.00

注：①如果湿润期被中断的时间不超过3小时，该湿润期将连续计算。如果中断的时间超过4小时，则应计算为2个不同的湿润期。②侵染湿润期持续超过48小时，则每24小时形成1次侵染湿润期，侵染程度为极重。③表中时间参数中，小数点后数字是参照每小时60分钟设置，例如，“16.30”表示16个小时30分钟，“10.45”表示10个小时45分钟。

3. Conce参数　是指从致病疫霉在马铃薯植株上成功侵染时起，直到完成1次侵染期间，在马铃薯植株体内侵染速度与每天均温的关系参数，用分值表示，见表6-2。

表6-2 Conce参数表

温度范围（℃）	得分
<8	0
8.1 ~ 12	0.75
12.1 ~ 16.5	1
16.6 ~ 20	1.5
>20.1	1

4. 侵染曲线 侵染曲线表示侵染湿润期形成后致病疫霉在植株体内侵染过程，直至该次侵染循环完成，用Conce分值表示，侵染湿润期形成之日为0分，最高值为7分。

二、预警应用方法

1. 设备需求 田间气象站，在马铃薯种植区域设置自动气象站，以每小时为单位，采集风、温、湿、光照、雨量等气象因子数据。

2. 计算方法 从马铃薯出苗始见期开始，每天将田间气象站收集的气象因子数据进行计算。

（1）确认侵染湿润期的形成。从出苗始见期开始，按照田间气象站采集的数据按照《致病疫霉侵染严重程度与湿润期持续的时间和湿润期间的平均温度的关系参数表》计算侵染湿润期的形成以及侵染程度。

（2）侵染曲线的计算。1次侵染湿润期形成后，形成的当天得分为0，将以后每天的平均温度，对照Conce参数得到一个分数，然后将每天得到的分数进行累加，≥7分即视为完成1次侵染循环。计算公式为：$\Sigma(S_i) \geq 7$。式中：S_i表示一次侵染循环开始后第i天的得分。

（3）侵染曲线的代、次的划分。第1个侵染湿润期形成直至侵染结束期间，发生的所有侵染均属于同一代，此后发生的侵染隶属于下一代。同一代期间发生的侵染按序列命名，例如第1代第1次侵染、第1代第2次侵染……

侵染曲线的生成：如图6-1，第1个侵染湿润期于3月30日形成，即第1条侵染曲线于3月30日生成，4月9日Conce分值达到7分，侵染循环结束，第2个侵染湿润期于4月3日形成，即第2条侵染曲线于4月3日生成，4月11日Conce分值达到7分，侵染循环结束……

侵染曲线代、次划分：如图6-1，第1条侵染曲线起始于3月30日，结束于4月9日，该时间段内3月30日、4月3日、4月6日生成的曲线同属第1代，分别命名为：第1代第1次侵染、第1代第2次侵染、第1代第3次侵染；第4条曲线生成于4月10日，结束于4月21日，该时间段内4月10日、4朋17日、4月18日生成的曲线同属于第2代，分别命名为：第2代第1次侵染、第2代第2次侵染、第2代第3次侵染；第7条曲线生成于4月25日，结束于5月1日，此时间段内只有1条曲线，命名为：第3代第1次侵染；以此类推。

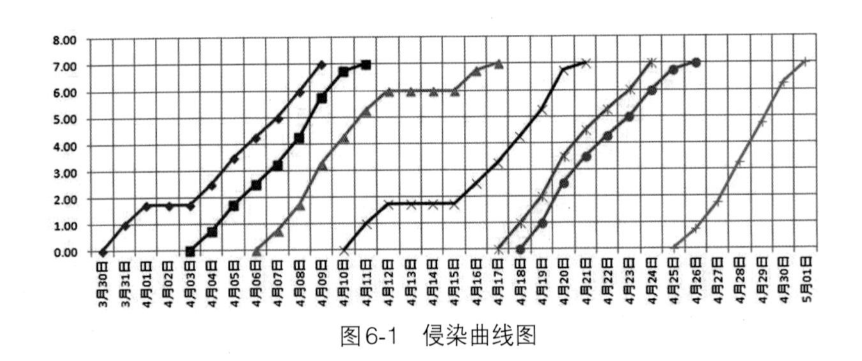

图6-1　侵染曲线图

3. 预警信息的确认

（1）中心病株出现时间预测。第3代第1次侵染曲线生成后，根据未来5天内天气预报提供的温度数据，对照Conce分值计算，中心病株出现时间预计在第3代第1次侵染分值3～7分，即时开展田间中心病株调查，每隔1天调查1次，直到调查到中心病株为止。

（2）药剂防控时间指导。药剂防控时间从第3代第1次侵染湿润期生成开始，每代第1次侵染湿润期Conce分值预计达4～7分时为药剂防治时间，其中4～5分时推荐使用保护性杀菌剂，如此时因降雨或其他因素未能施药，则在6～7分时施用内吸治疗性杀菌剂，直至马铃薯叶片全部枯黄为止。

（3）发生程风险分析。该模型中，侵染温润期分为极重度、重度、中度、轻度4个等级，其中极重度、重度次数越多，表示未来马铃薯晚疫病发生的风险也相应趋重。

三、在我国应用中存在的问题

1. 受品种、小气候因素影响，预警值差异相对大 CARAH模型由比利时诶诺省农业工程中心研发，但是比利时马铃薯种植品种相对单一，主要为宾杰（bintje），属马铃薯晚疫病高感品种，同时比利时国土面积小，小气候相对差异小，该模型对高感品种具有较高的准确性。而我国马铃薯种植品种多而复杂，在南方种植区域，由于地形地势的不同，小气候差异显著，该模型存在品种间差异、防控指导误差等问题。

2. 计算复杂，难以推广 CARAH模型在计算过程中，存在手动计算、画图等复杂程序，且工作量大，对基层技术人员要求高，推广应用难度大等难点。

第二节 “马铃薯晚疫病监测预警系统”使用技术

CARAH模型2008年引入我国，经过我国植保人员引进、消化、吸纳和再创新，尤其是进行数字化和网络化开发建设，建成了“马铃薯晚疫病监测预警系统”，目前在我国马铃薯主产区全面推广应用，取得了较好的效果。

一、预警系统组成

系统主要包括田间气象站、计算机终端两大部分。

1.田间气象站 在马铃薯监测区域内设置以小时为单位采集风速、温度、湿度、光照、雨量等气象因子数据的田间气象站，通过配置CDMA远程控制模块将数据远程传输到计算机。

2.计算机终端 目前各马铃薯主产区省份均建设起马铃薯晚疫病预警监测系统，目前影响最大、使用频率相对较高的有两个，一是“中国马铃薯晚疫病监测预警系统”，网址：http：//218.70.37.104：7002/；另一个是“马铃薯晚疫病预警及系统发布系统”，网址：http：//218.70.37.104：7000/guizhou/。

二、工作原理

1.系统结构 详见图6-2。

2.系统功能

（1）数据管理。数据管理包括数据的采集、传输、计算与分析，实现数据管理数字化、自动化。

（2）图形化监测预警。根据数据计算分析结果，系统自动生成侵染曲线图，以图形化方式显示当前马铃薯晚疫病侵染情况及发生趋势。

（3）防治动态。根据预警信息和组织防治的实际情况，及时发布防治动态。

（4）预警信息发布。根据各个田间气象站数据计算分析结果，获取预警与防治指导信息，通过系统向田间气象站所在区域发送预警短信，开展防治指导工作。

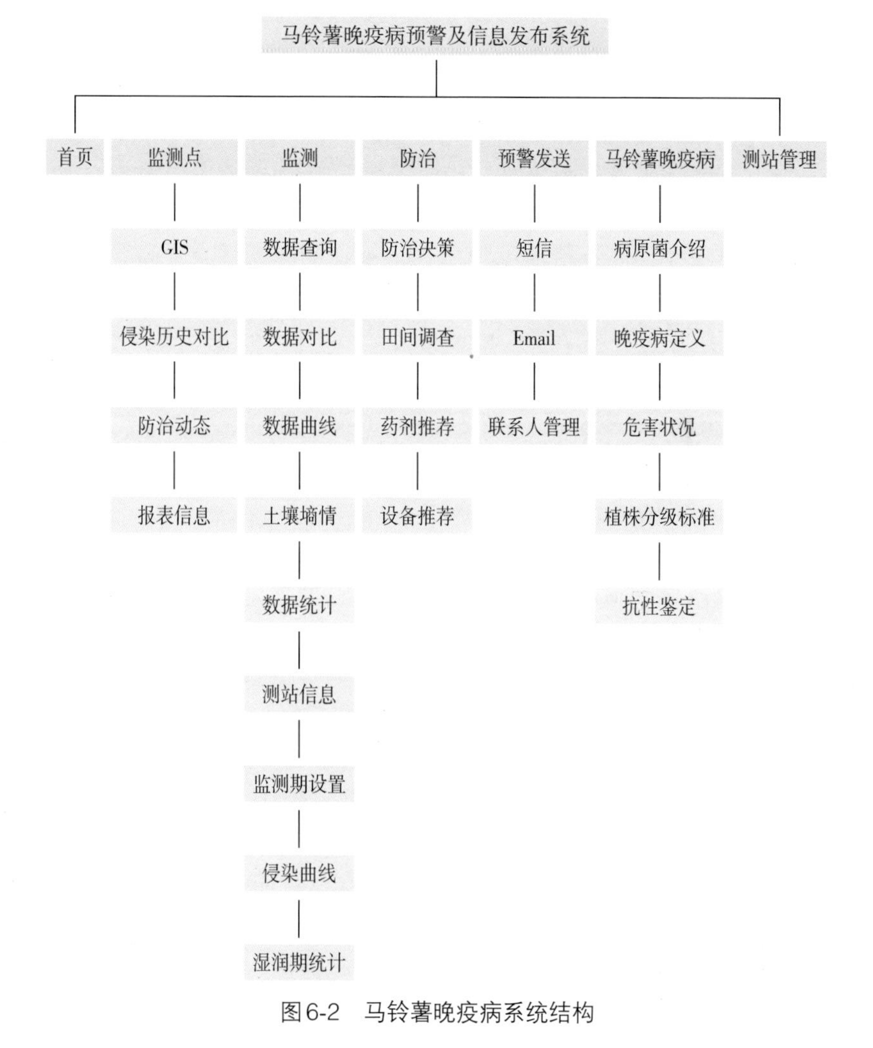

图6-2　马铃薯晚疫病系统结构

3. 系统特点

（1）模型计算科学。该模型通过在我国马铃薯主产区进行多点适应性试验应用、矫正多年，并利用试验结果对原模型多个主要参数进行修正，更加适用于国内马铃薯主产区。

（2）信息传递迅速。该系统中加入信息发布模块，获取的预警信息能通过信息发布模块以手机短信的方式在最短的时间内发送至该区域内的马铃薯种植户，指导防治工作的开展，信息传递的时效性和利用率大幅度提高。

（3）操作简单，易推广。马铃薯晚疫病预警模型计算办法较为复杂，该系统实现了数据收集、计算与分析均由计算机完成，直接生成预警信息，将模型傻瓜化，操作简单，适合在基层农业推广体系中应用。

4. 系统运行环境　接入Internet。

PC客户端：Windows 7/Windows 8操作系统的台式或手提电脑，安装Internet Explore 6或以上版本的浏览器。

三、预警信息的获取步骤

1. 录入相关信息　在“监测期设置”模块中，录入监测区域马铃薯种植品种、出苗始见期和预计收获期。

在“预警发送”模块中，录入预警基础信息，包括监测区域农业部门领导、农技人员、马铃薯种植户等用户手机号码信息，该功能目前只限于“马铃薯晚疫病预警及系统发布系统”。

2. 浏览数据　从出苗始见期之日起，监测人员每2天登录1次“马铃薯晚疫病预警及信息发布系统”，在“监测”模块中察看“侵染曲线”内容。当监测点第3代第1次侵染曲线生成后，“马铃薯晚疫病预警及信息发布系统”中“GIS”模块中该监测点图标立即变红闪烁报警，提示加强关注，即时起监测人员每天浏览该系统，同时开展田间调查工作，直至马铃薯植株枯黄为止，以获取预警信息。

（1）中心病株出现时间预测。由于受病原菌生理小种复杂、田间初侵染菌源、地域性气候差异显著、品种抗性的不同等因素影响，不同地区、不同的品种中心病株出现时间有差异。以贵州省为例，通过多年的观察研究，高感品种和中感品种中心病株出现时间可以参考如下：

高感品种：第3代第1次侵染曲线生成后，根据未来5天内天气预报提供的温度数据，对照Conce分值计算，中心病株出现时间预计在第3代第1次侵染分值3～7分，即时开展田间中心病株调查，每隔1天调查1次，直到调查到中心病株为止。

中感品种：第5代第1次侵染曲线生成后，根据未来5天内天气预报提供的温度数据，对照Conce分值计算，中心病株出现时间预计在第5代第1次侵染Conce参数分值3～7分，即时开展田间中心病株调查，每隔1天调查1次，直到调查到中心病株为止。

（2）药剂防控时间指导。以贵州省为例，通过多年的观察研究，高感品种和中感品种防治指导时间及方法可以参考值如下：

高感品种：药剂防控时间从第3代第1次侵染湿润期生成开始，每代第1次侵染湿润期Conce分值预计达3～7分时为药剂防治适期，直至马铃薯叶片全部枯黄为止。

高感品种出苗始见期后30天内，第3代第1次侵染生成后，根据未来5天内天气预报提供的温度数据，对照Conce分值计算，预计每代第1次侵染湿润期Conce分值预计达3～7分时为药剂防治时间，选用保护性杀菌剂进行防治；出苗始见期30天后至收获期内，预计每代第1次侵染湿润期Conce分值预计达3～7分时为药剂防治适期，选用治疗性杀菌剂进行防治。

中感品种：药剂防控时间从第5代第1次侵染湿润期生成开始，每代第1次侵染湿润期Conce分值预计达3～7分时为药剂防治适期，直至马铃薯叶片全部枯黄为止。

中感品种在苗期至现蕾期内，从第5代第1次侵染生成开始，根据未来5天内天气预报提供的温度数据，对照conce分值计算，预计每代第1次侵染湿润期Conce分值预计达3～7分时为药剂防治适期，选用保护性杀菌剂进行防治；在花期至收获期内，预计每代第1次侵染湿润期Conce分值预计达3～7分时为药剂防治适期，选用治疗性杀菌剂进行防治。

（3）发生程度预警。中心病株出现后，在“湿润期统计”模块中关注极重度侵染和与重度侵染湿润期形成数量，极重度侵染和与重度侵染湿润期次数之和达到或超过总侵染次数的50%，未来10 ~ 15天内气候条件仍保持阴雨连绵或多雾、多露的高湿天气，马铃薯晚疫病呈大发生趋势。

四、预警信息发布

此功能目前只限于“马铃薯晚疫病预警及系统发布系统”。通过“预警发送”发布模块向监测区域农业部门领导、农技人员、种植户发送预警手机信息。根据预警信息提示，在规定的时间范围内选择保护性杀菌剂或治疗性杀菌剂开展马铃薯晚疫病防治工作。

五、影响系统预测值准确性的因素及解决措施

该项技术作为一项预警平台是目前最适合我国生产实际的，但是各种植区域农技人员在推广应用中不能采取拿来主义，要根据当地实际情况科学进行参数矫正工作。

（一）影响系统预测值准确性的因素

1.致病疫霉生理小种的复杂化　在我国马铃薯主产区，致病疫霉生理小种变化很快，使许多抗性品种的抗性很快丧失。以贵州省为例，贵州省马铃薯主产区不仅有A2交配型的存在，且初步研究占比34.62%，说明一是卵孢子的出现可以使晚疫病病菌在土壤中顺利越冬，成为继种薯带菌后另一个重要的初侵染来源；二是有性生殖的实现可导致基因重组，产生具有新基因型的致病力更强的菌系和生理小种，使病菌的群体结构发生改变。这将给马铃薯晚疫病的监测预警与防控工作提出新的挑战。

2.品种抗性差异　品种间抗性差异是影响预测值的一个重要

因素。如果按“马铃薯晚疫病监测预警系统”进行防控也会出现浪费药剂和人工的现象。

（1）不同品种间抗性差异。在贵州、重庆等西南区域的应用表明，该系统对费乌瑞它等高感品种的预测值具有很高的准确率，而青薯9号等品种抗性相比费乌瑞它高。

主要表现在：一是在同等条件下中心病株出现时间相对晚，以贵州为例，费乌瑞它中心病株出现时间为第3代第1次侵染湿润期Conce分值在0～7分，主要集中区域为3～7分，而青薯9号中心病株出现时间为第5代第1次至第6代第1次，差异显著。二是表现在晚疫病发生程度方面，费乌瑞它从中心病株出现开始，在温度、湿度都适宜的情况下，蔓延至全田发病仅需10天左右，15～20天会出现全田枯死的情况，在同等条件下，青薯9号蔓延缓慢，虽然病株率相应增加，但病斑相对较小，20天内不会出现局部枯死的情况。

（2）同品种不同区域抗性差异。受地域、气候条件差异及初侵染来源等因素不同的影响，同个品种在不同区域表现出来的抗性也有差异。如2015年在贵州省赫章县试验，中薯3号抗性综合评价为中感，而在贵州省息烽县、修文县、都匀市该品种抗性综合评价为高感。

3.地域性气候差异显著　不同的地域气候差异显著。一是在北方一季作区，气候寒冷，无霜期短，春季干旱，降雨量少，在该区域会出现系统已经提示中心病株出现，但实际田间难以调查到的情况；二是二季作区，该区域春种马铃薯晚疫病发生为害相对较轻，而秋种马铃薯则发生相对较重，在该区域如果按系统进行防控春播马铃薯也易出现浪费药剂和人工等现象；三是西南混作区，地势极为复杂，早、中、晚熟品种均有种植，雨水多，气候条件适宜，马铃薯晚疫病发生为害相对较重。

4.初侵染来源　初侵染来源主要有种薯带菌、土壤带菌以及种植区域附近的茄科作物等。不同的初侵染来源也影响马铃薯的发病时间，影响预测值的准确性。

此外，影响预测值的准确性因素还有出苗期的设定、种植栽培技术等因素。

（二）解决措施

1.摸清当地致病疫霉的生理小种情况 与农业科研单位合作，采集当地种植区域内马铃薯晚疫病的标样，进行生理小种的鉴定，明确当地生理小种的组成和分布。这是该区域内马铃薯晚疫病预警与防控的工作基础。

2.开展“马铃薯晚疫病监测预警系统”本地化参数矫正工作

（1）对不同马铃薯品种的校正分析研究

实施内容。研究不同马铃薯品种之间，侵染曲线与始见病时间、发生程度关系。

研究方法。

建设观测圃：建设观测圃1个，每个观测圃面积为2亩，选取当地主栽的马铃薯主栽品种4～5个，按双行垄作栽培方式进行合理布局栽培，并标识种植品种。

精准记录：观测圃建成后，精准记录观测圃所在示范区海拔、播种时间、出苗时间、花期出现时间、收获期时间等各时间要素。

科学调查：一是按照马铃薯晚疫病预警系统数据预警，当第3代第1次侵染生成后，立即根据气象预报，确定曲线峰值达5～7分的时间，并从分值达5分之日起，每天对观测圃种植的各品种开展中心病株调查，直至确定每个品种中心病株的出现时间，填写表6-3。调查中，对出现的疑似样本带回实验室消毒、保湿培养24小时后进行镜检，确认是否为马铃薯晚疫病，并记载发现时间、地点、品种等详细要素；二是开展田间系统调查，每7天调查1次，详细记录整个生育期内田间马铃薯晚疫病发生情况，填写表6-4。

表6–3　不同品种马铃薯中心病株出现时间与预警系统对应的计算侵染湿润期调查

调查人：　　　　　　　　　　　　　　　　调查时间：　　年　月　日

基地	品种1			品种2			品种3			……		
	发现时间	对应侵染湿润期		发现时间	对应侵染湿润期		发现时间	对应侵染湿润期		发现时间	对应侵染湿润期	
		代次	分值		代次	分值		代次	分值		代次	分值

表6–4　马铃薯不同品种发病情况调查

调查人：　　　　　　　　　　　　　　　　调查时间：　　年　月　日

序号	品种	地点	海拔（米）	始见病期	现蕾期病株率（%）	盛花期病株率（%）	成熟期病株率（%）	亩产（千克）	备注
1									
2									
3									
…									

（2）CARAH模型指导下防控马铃薯晚疫病效果观察

在生产上，有些品种对马铃薯晚疫病有较好的抗性，例如青薯9号，在贵州地区属中抗品种，通过观察，该品种在贵州地区，按照预警系统参数，其中心病株出现时间大约在第5代第1次至第6代第1次侵染湿润期之间，但是病情发展缓慢，如果按照预警系统指导进行施药，从第5代第1次开始，每代第1次都开展防治工作，那会造成药剂投入浪费、人工浪费及不必要的环境污染。为了明确在马铃薯晚疫病预警系统指导施药时间下，明确对高感、中感、感病、中抗、高抗5个代表级别的马铃薯品种的防治经济阈值，调整防治指导参数。研究方法如下：

一是当地主栽品种抗性的明确。通过研究或是借鉴前人研究成果，明确当地主栽品种对马铃薯晚疫病的抗性属于那个级别。

二是明确防治指导时间的参数。建设试验观测圃，分别种植当地具有代表性的不同抗性级别的品种。根据中心病株出现时间，确定中心病株与预警系统对应的侵染湿润期代次，按照每代防1次、隔1代防1次、隔2代防1次，如果是高抗品种，可以设置每隔4～5代防1次，同设置空白对照区。试验中，每隔5天调查1次病情指数，收获时进行测产验收，通过防治人工投入、药剂投入、收获产量及经济效益等指标，最终确定最适合的防治参数，具体试验方法根据当实际情况设计。

六、系统应用过程中注意事项

1.及时录入基本信息

（1）马铃薯出苗后，即马铃薯晚疫病监测区域内第1株出苗的日期，要及时录入系统“监测期设置”模块中，同时录入监测区域马铃薯种植品种、出苗始见期和预计收获期。这是该项技术的应用的基础，十分关键。

（2）录入预警基础信息，包括监测区域农业部门领导、农技人员、马铃薯种植户等用户手机号码信息，分类录入，以便及时发送手机预警信息。该功能目前只限于“马铃薯晚疫病预警及系统发布系统”。

2.预警值必须与田间实际调查相结合 由于品种抗性、区域等差异，“马铃薯晚疫病监测预警系统”预警准确率无法达到100%。在实际生产中，马铃薯晚疫病预警模型预警指导必须与田间调查相结合。

根据模型预测，从第3代第1次侵染生成之日起开始调查中心病株，每隔1天调查1次，直到调查到中心病株为止，发现疑似病斑，带回实验室消毒处理保湿培养24小时后镜检，以确定是否为马铃薯晚疫病中心病株。

3.加强田间气象站管护工作 由于田间气象站常年在野外自动运行，实时监测田间小气候的变化，同时传输数据，因此，田间气象站的稳定运行就至关重要。在实际生产中，自然、人为等因素均可影响田间气象站的稳定运行，在管护中，一是修建栅栏保护田间气象站；二是竖立醒目的公益标识，提醒人们不要人为损毁；三是定期开展维护工作，确保正常运行。

4.田间气象站安装注意事项

（1）田间气象站覆盖范围。在我国马铃薯种植面积大，种植区域地势、气象条件差异显著，无法做到田间气象站精准覆盖。我国北方一季作区，地势平坦种植区域可以参照比利时的参数执行，在我国南方作区及西南混作区，一般采取建立核心区和推广区，核心区是田间气象站所在区域，面积一般在500～1 000亩，推广区为相邻近的气候条件没有显著性差异的区域，面积在5 000～10 000亩。

（2）田间气象站选址。一是要选择马铃薯集中连片区域，以便最大限度发挥作用；二是安装时选在能够代表该区域气象因子的地点。底座可以使用水泥，但不能安装在宽阔的水泥地表，以免影响区域气象因子的准确性。

（3）加装防护措施。田间气象站安装好后，为了保护其不受或避免外来力量损坏，加装防护设施，如栅栏，另标识公益性或危险性标识，减少人为损坏的概率。

5.专人负责 在系统使用中，为了保证及时获取和发布预警信息，要选择责任心强、具有一定专业知识的农技人员，专门负责该项工作，从出苗始见期之日起，监测人员每2天登陆1次系统，在“监测”模块中察看“侵染曲线”内容。当监测点第3代第1次侵染曲线生成后，系统中“GIS”模块中该监测点图标立即变红闪烁报警，提示加强关注，即时起监测人员每天浏览该系统，同时开展田间调查工作，直至马铃薯植株枯黄为止，以获取预警信息。

6.保证数据传输的及时性 目前国内使用的田间气象站以每小时为单位采集风速、温度、湿度、光照、雨量等气象因子数据，通过配置CDMA远程控制模块将数据远程传输到电脑。购买CDMA卡后，在欠费后应及时充值，保障数据传输，如欠费3个月不充值，一是数据无法恢复，二是CDMA卡存在被销号的可能。

7.提倡建设全野外型田间气象站 在该项技术推广初期，田间气象站分为室内、室外两部分，室外部分包括为温度、湿度、雨量、风速、风向传感器和数据采集模块，室内部分包括无线传输模块等，需要供电。该型田间气象站的缺点有：一是室内、室外两部分距离不能远，一般在300米以内，超过300米则不能实现数据正常传送，影响田间气象站的选址工作；二是受供电影响，室内部分一般放在农户家中，受农民及农民家庭素质的影响，存在人为损坏的可能性，同时受农村条件影响，停电现象时有发生，影响正常的数据传送工作。

而全野外田间气象站由传感器、野外防护机箱和太阳能供电系统组成，可独立依靠太阳能供电，不受电源的限制，可放在田间任何有太阳光能照射到的地方，极大的提高使用效率，因此，提倡建设全野外型田间气象站。

第七章 马铃薯病虫害绿色防控技术

随着马铃薯种植规模的不断扩大，以晚疫病为主马铃薯病虫为害也逐年加重，成为限制马铃薯高产、丰产的主要因素之一，严重影响了马铃薯产业的发展。在传统的防治技术中，化学防治占据了绝对主导地位，同时我国马铃薯种植区域农户种植水平普遍较低，由于防控关键时期不能准确把握，化学农药滥用现象普遍，不仅防效欠佳，而且防治成本增加，也进一步加剧了生态环境的压力，增加了农产品质量安全风险。因此，马铃薯病虫害绿色防控技术应作为马铃薯生产上一项主要技术进行推广。

一、有关术语和定义

1. 马铃薯病虫害绿色防控技术　是指在马铃薯生产中，贯彻“预防为主，综合防治”的植保方针，以有效控制病虫为害和控制农药残留为目标，以优化生态环境为重心，协调农业防治、生物防治、物理防治和化学防治等各种治理措施，将病虫为害所造成的损失控制在经济阈值之下，把农产品农药残留控制在国家规定允许范围以内，以获取最佳的经济、社会和生态效益的病虫害防治技术。

2. 中心病株 田间出现零星的发病植株为中心病株，发现中心病株的日期为始病期。

3. 脱毒种薯 通过茎尖剥离技术进行组织培养生产的符合我国种薯质量标准的各级马铃薯种薯。

4. 种薯处理 播种前对种薯的催芽、晾晒、筛选、切块和药剂拌种等农事和化学处理措施的总和。

5. 植物检疫法规防治 植物检疫旨在防止检疫性有害生物传入和（或）扩散或确保其官方防治的一切活动。是病虫害防控中预防、杜绝和铲除等方面最经济、最有效的一个防控措施。

6. 农业防治措施 利用和改进耕作栽培技术，控制马铃薯病虫害的发生发展，使其免遭生物及非生物危害的措施方法。

7. 物理防治措施 根据农业有害生物对某些不良因素的反应规律，利用物理措施、器械设备及现代化工具等干扰、减轻、避免或防治马铃薯病虫害的措施方法。

8. 生物防治措施 利用有益生物及其天然的代谢产物、基因产品等防治病虫害的措施方法。

9. 化学防治措施 利用化学农药防治马铃薯病虫害的措施方法。

10. 病残体 感染病原生物发病后的植株、组织器官，以及最终的残余物。

二、绿色防控策略

坚持“预防为主，综合防治”的植保方针，贯彻落实“公共植保、绿色植保”理念，针对马铃薯虫害种类和发生特点，综合考虑影响虫害发生的规律和各种因素，以农业防治为基础，优先协调运用检疫、物理和生物防治措施，辅以安全合理的化学防治措施，实现马铃薯病虫害的全程防控。

三、绿色防控措施

1. 植物检疫 马铃薯甲虫、马铃薯块茎蛾、内生集壶菌等检疫性病虫害在我国局部区域发生。因此加强植物检疫是马铃薯病虫害绿色防控技术中的一项重要措施。一是疫区不能作种薯栽培基地；二是从疫区调入、调出的商品薯要经过严格检疫，确保不携带疫情传播。

2. 农业防治

（1）合理轮作。马铃薯属于茄科作物，提倡与非茄科作物禾谷类、豆类、纤维作物轮作，不能与烟草、茄子、番茄、辣椒等茄科作物轮作，冬马铃薯实际水旱轮作，否则会加重青枯病、疫病、癌肿病、病毒病等病害发生。轮作年限在3年以上。

（2）选用抗病品种。针对种植区域主要病虫害发生情况，选择抗当地主要病虫害、抗逆性强、适应性广的优良品种。

同时使用脱毒种薯，脱毒种薯要符合我国马铃薯脱毒种薯质量标准，使用脱毒种薯可以减少病毒初侵染源。

（3）精细挑选种薯。种薯宜选用重量50～100克、无病斑、无虫眼、无机械破损的小整薯，坚决剔除带病（虫）薯，如携带斑潜蝇、马铃薯块茎蛾、马铃薯甲虫、线虫或其他虫源的种薯。

（4）切刀消毒。在种薯切块时，一些种传病害如环腐病、黑胫病、病毒病等就可能通过切刀进行传播。在种薯切块时，每个操作人员应准备两把切刀，一个放在装有消毒液的容器内，用消毒液浸泡消毒，另一把操作切块，切刀5分钟或切到病薯时必须更换，换下来的切刀继续放在消毒容器中消毒5分钟，消毒液一般为75%酒精或0.5%～1%高锰酸钾溶液。

（5）种薯处理。为了防止地下害虫、土壤携带的病原菌等有害生物对种薯的侵害以及减轻马铃薯生长过程中病虫害的发生，提高马铃薯植株的抗逆性，在播种时要进行拌种处理。拌种药剂的选择要根据当地种植区域实际情况以及种薯品质来选择。例如当地种植区域地下害虫发生普遍时，拌种就要加入杀虫剂，如果细菌性病害发生普遍就要加入72%农用链霉素可湿性粉剂等细菌性病害的杀菌剂，如真菌性病害发生重，还要加入广谱性内吸性杀菌剂，如果土壤贫瘠或种薯品质一般，则还需加入促进生长的生长调节剂等。

（6）适期播种。适期播种是防止种薯腐烂、保证苗全、苗壮、增强植株抗病力的一项基础措施。春播马铃薯在10厘米深土层处土温达到7℃时播种为宜。秋播马铃薯以日平均气温稳定至25℃以下播种为宜。提倡小整薯播种。

（7）科学耕作管理。加强田间管理，播种前精耕细作，增加土壤通透性，降低田间病虫源基数。如结合中耕高培土来减少病菌随雨水侵入块茎的机会，可减轻晚疫病发生，一般培土10厘米高；在疮痂病发生重的区域增施绿肥或增施酸性物质（如硫黄粉等），改善土壤酸碱度，增加有益微生物，可有效地减轻发病。及时清除田间杂草、残枝病叶，及时培土施肥，如在整地前，注意清除地块内作物残茬及杂草，采取烧毁或与粪肥堆沤高温杀灭虫卵、病菌；在马铃薯生长过程中，及时将病株清除，带离田间深埋或烧毁，减少病害初侵染源和虫害的虫口基数，从而减轻病虫害的发生和危害。

（8）人工捕捉。利用成虫假死习性，捕杀害虫。在二十八星瓢虫、芫菁发生期，敲打植株并用薄膜承接坠落的害虫，收集消灭。

人工摘除虫卵。有些害虫产卵集中成群，颜色鲜艳，极易发现，可采用人工摘除卵块的方法。

3. 物理防治

（1）床土消毒。

高温消毒：在马铃薯采收后，利用高温季节，将土壤、苗床土或基质翻耕后覆盖地膜20天，利用太阳晒土，杀灭残存在土壤中的病原菌和虫体。

水淹冰冻杀虫：对于北方生产微型薯的苗床，可在冬季上冻前灌透水，自然冻结，可有效防治线虫和其他地下害虫。

（2）设置防虫网。保护地栽培时，在大棚通风口用尼龙网纱密封，在露地使用防虫网覆盖，防止有翅蚜、斑潜蝇、粉虱等迁飞害虫的为害。

（3）使用银灰膜。在蚜虫为害严重的种植区域，在田间铺银灰膜或挂银灰膜条驱避蚜虫。

（4）黄板诱杀。马铃薯的主要害虫蚜虫、斑潜蝇等害虫有趋黄的特性，采用黄板诱杀，在15～20厘米见方的黄板上涂抹10号机油或凡士林，每亩放20～30块黄板，可有效地诱杀蚜虫（图7-1和图7-2）。

图7-1　黄板诱杀1

图7-2　黄板诱杀2

（5）灯光诱杀。对光有趋性的鳞翅目害虫、鞘翅目害虫的成虫，可以采取灯光诱杀的方法。可选用的光源有高压汞灯、黑光灯、频振灯等，灯高一般为1.5米，每盏灯灯控面积在30～60亩，根据虫害实际发生情况进行密度调整，可有效诱杀蛴螬、蝼蛄、地老虎等害虫（图7-3）。

图7-3　灯光诱杀

（6）机械防治。用真空吸虫器和丙烷火焰器等防治苗期越冬马铃薯甲虫。

4. 生物防治

（1）天敌防治。保护和利用食蚜蝇（图7-4）、茶色食虫虻、白僵菌等天敌，控制蚜虫、蛴螬等多种害虫。如利用食蚜蝇、蚜霉菌等防治蚜虫；潜蝇姬小蜂防治斑潜蝇；茶色食虫虻、金龟子黑土蜂、白僵菌等防治蛴螬；二点益蝽防治马铃薯甲虫等。

（2）生物农药。选择生物农药进行防控。阿维菌素类防治斑潜蝇，苦参碱、除虫菊等防治蚜虫，用淡紫拟青霉防治线虫，苏云金杆菌制剂防治马铃薯甲虫，在马铃薯晚疫病上推广使用的生物农药有1 000亿芽孢/克枯草芽孢杆菌可湿性粉剂、0.3%丁子香酚可溶液剂等。

（3）性诱技术。利用专性性诱剂诱杀害虫。如甜菜夜蛾性诱剂，每亩安放一枚诱芯，可以有效减少虫源，取到明显防治成效，防治效果可以维持30天以上。

图7-4 食蚜蝇

5. 化学防治 推荐使用的药剂是经我国农药管理部门登记允许在马铃薯或其他蔬菜上使用的。不得使用国家禁止或不允许在蔬菜上使用的农药，当新的农药出现或新的管理规定出台时，以最新的规定为准。

（1）以化学防治为主的病虫害。在马铃薯病虫害中，有些病虫害如晚疫病、早疫病、夜蛾科害虫等，目前在生产上主要施用化学药剂进行防控。

马铃薯晚疫病：有预测预报条件的地区，根据病害预警进行防控。没有预测预报条件的区域，加强田间监测工作，及时发现中心病株，中心病株出现时即开始喷施保护性杀菌剂进行预防，后随着实际发病情况或者通过监测预警信息选择内吸治疗性杀菌剂或相适应药剂，开展化学药剂喷施工作，在我国西南区域，4～6月为雨水集中期，种植的早熟高感品种田块，如费乌瑞它，全生育期需喷施药剂5～8次，严重年份达10次以上，抗性品种，如青薯9号，则需要3～5次。

马铃薯早疫病：田间马铃薯底部叶片开始出现早疫病病斑时开始施药，可选用的药剂有70%丙森锌可湿性粉剂、70%代森锰锌可湿性粉剂等广谱性保护性杀菌剂进行防治3～5次，施药间隔期为5～7天。

夜蛾科害虫：害虫暴发时，如短时间不扑灭将给马铃薯生产带来巨大损失时，使用化学药剂进行防治，最佳防治适期为卵孵化高峰期或低龄幼虫（若虫）期。

杂草：控制田间杂草危害，通常采用化学除草技术。

（2）以化学防治为辅的病虫害。对于检疫性病虫害、种传和土传病害、地下害虫以及迁移快、传播流行速度快的病虫害，如疮痂病等在使用农业防治、物理防治和生物防治技术之后，辅以使用化学防治。

化学防治中，要大力推广使用生物制剂、天然物质和合理、交替、轮换使用高效、低毒、低残留的化学农药，减少环境污染和确保农产品质量安全。

附　录
马铃薯主要病虫害防控药剂推荐

病虫害名称	药剂名称	使用制剂量/药液浓度	施用方法	作用方式
晚疫病	70%丙森锌可湿性粉剂	1 575 ~ 2 205克/公顷	喷雾	保护
	500克/升氟啶胺悬浮剂	200 ~ 250克/公顷	喷雾	保护、内吸治疗
	80%代森锰锌可湿性粉剂	1 440 ~ 2 160克/公顷	喷雾	保护
	10%氰霜唑悬浮剂	48 ~ 60克/公顷	喷雾	保护
	75%百菌清水分散粒剂	1 125 ~ 1 406克/公顷	喷雾	保护
	1 000亿芽孢/克枯草芽孢杆菌可湿性粉剂	150 ~ 210克/公顷	喷雾	保护
	2.1%丁子·香芹酚水剂	900 ~ 1 500毫升/公顷	喷雾	保护、内吸治疗
	50%烯酰吗啉水分散粒剂	300 ~ 375克/公顷	喷雾	内吸治疗
	68.75%氟菌·霜霉威悬浮剂	618.8 ~ 773.4克/公顷	喷雾	内吸治疗
	50%锰锌·氟吗啉可湿性粉剂	600 ~ 800克/公顷	喷雾	保护、内吸治疗
	60%唑醚·代森联水分散粒剂	360 ~ 540克/公顷	喷雾	内吸治疗

（续）

病虫害名称	药剂名称	使用制剂量/药液浓度	施用方法	作用方式
晚疫病	18.7%烯酰·吡唑酯水分散粒剂	210～350克/公顷	喷雾	内吸治疗
	60%嘧菌酯·霜脲氰水分散粒剂	720～900克/公顷	喷雾	保护、内吸治疗
	68%精甲霜·锰锌水分散粒剂	1 020～1 224克/公顷	喷雾	保护、内吸治疗
	72%霜脲·锰锌可湿性粉剂	1 157～1 620克/公顷	喷雾	保护、内吸治疗
	250克/升嘧菌酯悬浮剂	56.25～75克/公顷	喷雾	保护、内吸治疗
	47%烯酰·唑嘧菌悬浮剂	315～472.5克/公顷	喷雾	内吸治疗
	30%甲霜·嘧菌酯悬浮剂	337.5～450克/公顷	喷雾+浸种	保护、内吸治疗
	60%丙森·霜脲氰可湿性粉剂	720～900克/公顷	喷雾	保护、内吸治疗
	50%烯酰·膦酸铝可湿性粉剂	281.25～375克/公顷	喷雾	内吸治疗
	28%霜脲·霜霉威可湿性粉剂	630～765克/公顷	喷雾	内吸治疗
早疫病	80%代森锌可湿性粉剂	960～1 200克/公顷	喷雾	保护
	250克/升嘧菌酯悬浮剂	112.5～187.5克/公顷	喷雾	保护、内吸治疗
	70%丙森锌可湿性粉剂	1575～2 100克/公顷	喷雾	保护
	500克/升氟啶胺悬浮剂	187.5～262.5克/公顷	喷雾	内吸治疗
	80%戊唑醇水分散粒剂	120～150克/公顷	喷雾	内吸治疗
	42%戊唑醇·百菌清悬浮剂	1 500～2 000倍液	喷雾	内吸治疗
	75%肟菌·戊唑醇水分散粒剂	112.5～168.75克/公顷	喷雾	保护、内吸治疗
环腐病	70%敌磺钠可溶粉剂	210克/100千克种薯	拌种	预防、内吸治疗
	36%甲基硫菌灵悬浮剂	800倍液	浸种	预防、内吸治疗

（续）

病虫害名称	药剂名称	使用制剂量/药液浓度	施用方法	作用方式
黑胫病	72%农用链霉素可湿性粉剂	0.1克/千克种薯	拌种	内吸治疗
	25%络氨铜水剂	600倍液	灌根	保护、治疗
病毒病	0.5%几丁聚糖水剂	1 000倍液	喷雾	预防
	0.5%香菇多糖水剂	12.45 ~ 18.75克/公顷	喷雾	预防
	20%吗胍·乙酸铜可湿性粉剂	500 ~ 750克/公顷	喷雾	预防、内吸治疗
	5.9%辛菌胺·吗啉胍水剂	196.9 ~ 225克/公顷	喷雾	预防、内吸治疗
	5%盐酸吗啉胍可溶粉剂	703 ~ 1 406克/公顷	喷雾	内吸治疗
炭疽病	75%嘧菌酯·戊唑醇水分散粒剂	3 000倍液	喷雾	内吸治疗
	50%多·硫悬浮剂	500倍液	喷雾	预防、内吸治疗
	80%福·福锌可湿性粉剂	800倍液	喷雾	保护、内吸治疗
	70%甲基硫菌灵可湿性粉剂	1 000倍液	喷雾	预防、内吸治疗
	75%百菌清可湿性粉剂	1 000倍液	喷雾	保护、治疗
黑痣病	22%氟唑菌苯胺悬浮种衣剂	0.08 ~ 0.12毫升/千克种薯	拌种	内吸治疗
	60%氟酰胺·嘧菌酯水分散粒剂	675克/公顷	拌种	内吸治疗
	36%甲基硫菌灵悬浮剂	600倍液	喷雾	预防、内吸治疗
青枯病	72%农用链霉素可湿性粉剂	0.1克/千克种薯	拌种	内吸治疗
	3%噻霉酮可湿性粉剂	1 000倍液	喷雾	预防
干腐病	36%甲基硫菌灵悬浮剂	800倍液	浸种	内吸治疗

（续）

病虫害名称	药剂名称	使用制剂量/药液浓度	施用方法	作用方式
蚜虫、斑潜蝇	10%吡虫啉可湿性粉剂	18～30克/公顷	喷雾	内吸、触杀、胃毒
	25%噻虫嗪水分散粒剂	22.5～30克/公顷	喷雾	内吸、触杀、胃毒
	5%啶虫脒乳油	18～30克/公顷	喷雾	内吸、触杀、胃毒
	2.5%高效氯氟氰菊酯水乳剂	4.5～6.25克/公顷	喷雾	触杀、胃毒
	1.5%苦参碱可溶液剂	6.75～9克/公顷	喷雾	触杀、胃毒
	50%吡蚜酮·异丙威可湿性粉剂	750倍液	喷雾	触杀、拒食
地下害虫	60%吡虫啉悬浮种衣剂	0.24～0.30克/千克种薯	拌种	驱避、胃毒
	3%辛硫磷颗粒剂	1 800～3 750克/公顷	沟施	触杀、胃毒
	22%吡虫·毒死蜱乳油	1 500～2 250克/公顷	浇灌	触杀、胃毒
	5%毒死蜱颗粒剂	1 125～2 250克/公顷	撒施	触杀、胃毒
植物生长调节剂	0.136%芸苔·吲乙·赤霉酸可湿性粉剂	45克/公顷	拌种、喷雾	内吸，壮苗，提高抗逆性，增产

主要参考文献

曹克强, Forrer H R, 2001. 马铃薯晚疫病生物防治现状与前景[J].河北农业大学学报.

程天庆, 2016. 马铃薯栽培技术[M] . 北京: 金盾出版社.

何庆才, 伍克俊, 王春梅, 等, 2003. 马铃薯优质高效栽培技术规程[J]. 贵州农业科学.

何庆才, 2013. 贵州马铃薯优质高效生产技术[M]. 贵阳: 贵州科技出版社.

胡同乐, 曹克强, 2010. 马铃薯晚疫病预警技术发展历史与现状[J]. 中国马铃薯.

李继平, 2013. 甘肃马铃薯晚疫病菌群体结构及病害治理技术研究[D]. 兰州: 甘肃农业大学作物保护.

孙慧生, 仪美芹, 2010.马铃薯生产技术百问百答[M]. 北京: 中国农业出版社.

孙茂林, 李树莲, 赵永昌, 等, 2004. 马铃薯晚疫病预测模型与预警技术研究进展[J]. 植物保护.

谭宗九, 丁明亚, 李济宸, 2015. 马铃薯高效栽培技术[M] . 北京: 金盾出版社.

唐子永, 2014. 马铃薯高产栽培技术[M] . 北京: 中国农业科学技术出版社.

谢开云, 车兴壁, 2001. 比利时马铃薯晚疫病预警系统及其在我国的应用[J]. 中国马铃薯.

张斌，耿坤，余杰颖，等，2015. 基于CARAH模型的不同品种马铃薯晚疫病发生情况观察[J].江苏农业科学.

张斌，耿坤，莫莉娅，等，2015. CARAH 马铃薯晚疫病预警模型在贵阳地区的应用[J].西南农业学报.

张斌，谈孝凤，耿坤，等，2016.马铃薯晚疫病预警及信息发布系统使用技术指南[M].北京:中国农业出版社.

张斌，余杰颖，李添群，等，2015. CARAH 模型指导下防控马铃薯晚疫病的效果[J].江苏农业科学.

张寿明，李灿辉，何慧龙，等，2004.神经网络在马铃薯晚疫病长期预报中的应用研究[J].昆明理工大学学报.

赵中华，2010.中国植保手册: 马铃薯病虫防治分册[M].北京:中国农业出版社.

图书在版编目（CIP）数据

彩图版马铃薯栽培及病虫害绿色防控 / 张斌主编.
—北京：中国农业出版社，2017.1（2021.11重印）
ISBN 978-7-109-22311-0

Ⅰ. ①彩…　Ⅱ. ①张…　Ⅲ. ①马铃薯—栽培技术②马铃薯—病虫害防治　Ⅳ. ①S532②S435.32

中国版本图书馆CIP数据核字（2016）第269188号

中国农业出版社出版
（北京市朝阳区麦子店街18号楼）
（邮政编码 100125）
责任编辑　郭晨茜

中农印务有限公司印刷　新华书店北京发行所发行
2017年1月第1版　　2021年11月北京第4次印刷

开本：880 mm × 1230 mm　1/32　印张：6
字数：150千字
定价：36.00元